软件开发 人才培养系列丛书

程序设计基础

Python语言

周翔 闫果◎主编

人民邮电出版社
北京

图书在版编目（CIP）数据

程序设计基础 : Python语言 / 周翔，闫果主编. --
北京 : 人民邮电出版社，2022.2
（软件开发人才培养系列丛书）
ISBN 978-7-115-58554-7

Ⅰ. ①程… Ⅱ. ①周… ②闫… Ⅲ. ①软件工具—程
序设计—教材 Ⅳ. ①TP311.56

中国版本图书馆CIP数据核字(2022)第015660号

内 容 提 要

本书基于 Python 3，针对非计算机专业学生的 Python 语言课程编写。全书内容涵盖 Python 语言基本语法元素、基本数据类型、程序的控制结构、组合数据类型、函数、文件操作、面向对象程序设计、科学计算与数据可视化、数据分析，通过各个层次的、有趣的例题着重介绍了程序设计的思想及 Python 语言的语法格式。

本书适合普通高等院校非计算机专业的学生和程序设计初学者使用，也可作为程序设计爱好者和自学者的 Python 语言参考书。

◆ 主　　编　周　翔　闫　果
　责任编辑　张　斌
　责任印制　王　郁　陈　犇
◆ 人民邮电出版社出版发行　　北京市丰台区成寿寺路 11 号
　邮编　100164　　电子邮件　315@ptpress.com.cn
　网址　https://www.ptpress.com.cn
　固安县铭成印刷有限公司印刷
◆ 开本：787×1092　1/16
　印张：10.75　　　　2022 年 2 月第 1 版
　字数：256 千字　　　2025 年 2 月河北第 8 次印刷

定价：39.80 元

读者服务热线：(010)81055256　印装质量热线：(010)81055316
反盗版热线：(010)81055315

前　言

Python 是语法简单而功能强大的编程语言。它具有易于学习、编辑周期短、具有各种框架等优点，在数据分析、机器学习、Web 开发、软件测试等多个领域发挥出色，吸引了众多学习者和使用者，其中大部分是高等院校各专业的学生。这些学生很多都是程序设计的初学者，因此，一本既讲解程序设计思想，又介绍 Python 语法的教材是非常必要的。

党的二十大报告中提到，培养造就大批德才兼备的高素质人才，是国家和民族长远发展大计。功以才成，业由才广。作为面向高等院校学生的教材，本书以党的教育方针“教育必须为社会主义现代化建设服务、为人民服务，必须与生产劳动和社会实践相结合，培养德智体美劳全面发展的社会主义建设者和接班人”为指导思想，以培养学生使用所学知识来解决问题的能力为最终目标，同时注重实现“知识传授”和“价值引领”的有机统一。

本书遵循“讲解详尽，例题丰富，习题充沛”的编写思路，在内容讲解上由浅入深、循序渐进，程序设计思想的讲解与语法格式的讲解并重，算法设计与代码编写兼具，着力于程序设计能力的培养。全书设计了大量的实用例题，例题讲解又分为“解析过程”“程序代码”和“运行结果”几部分，着力于讲清、讲透知识点的应用。每章还附有习题，有利于学生复习巩固课上所学的知识，也便于教师检验学生学习情况、开展课堂教学活动，最终提升学生运用 Python 进行小规模应用开发的能力。

全书分成 9 章，每章内容相对独立，读者可根据需要选用。

第 1 章到第 6 章是程序设计基础部分，预计讲授 32 学时，建议所有学生必修。其主要内容包括认识 Python 语言、Python 语言基础、程序控制结构、组合数据类型、函数、文件操作。第 7 章到第 9 章是对前面内容的扩充，预计讲授 16 学时，建议理工类专业的学生必修，文史类、体育类、艺术类专业的学生可以适当减少学时。其主要内容包括面向对象程序设计、科学计算与数据可视化、数据分析。本书每章后都附有一定难度的习题，教师可将其作为课堂测试题，也可以留作课后作业。此外，本书还提供教案、课件、习题答案等配套资源，读者可登录人邮教育社区（www.ryjiaoyu.com）下载。

本书由周翔、闫果担任主编，全书由周翔统稿。课程组的刘颖、陈禾、李艾星和谭晋也参与了本书的规划，提出了许多宝贵意见和具体方案，并参与了收集资料等工作，在此表示感谢。

目 录

第1章

认识Python语言

Python是一种计算机程序设计语言。你可能知道很多流行的程序设计语言，如C语言、C++语言、C#语言、Java语言、Visual Basic语言等，那么Python是一种什么样的语言呢？本章就从Python简介、Python的特点、Python的主要应用领域、Python的安装与配置、Python程序的编写方式和Python的第三方库等方面来回答这个问题。

1.1 Python 简介

Python 的创始人为吉多·范·罗苏姆（Guido van Rossum），他是一名荷兰计算机程序员。1989 年，为了打发圣诞节假期，吉多开始编写 Python 语言的编译/解释器。"Python"一词来自吉多喜爱的电视剧。他希望这个新的语言能实现他的理念——一种 C 和 Shell 之间、功能全面、易学易用、可拓展的语言。1995 年，吉多从荷兰移居美国。2005 年，吉多加入谷歌（Google）公司。在那里，他开发了内部代码审查工具 Mondrian，为谷歌 App Engine 项目工作，还用 Python 为 Google 写了面向网页的代码浏览工具。2013 年，他加入了以 Python 建立主要架构的云服务提供商 Dropbox，开发了 Mypy（目前流行的 Python 静态类型检查器之一）。2019 年 10 月，吉多宣布退休。2020 年 11 月，吉多加入微软公司的开发者部门。

1991 年，Python 第一个版本正式公布后，Python 开发者群体和用户社区逐渐壮大，Python 逐渐演变成一种成熟的并获得良好支持的程序设计语言。此时 Python 已经具有了类、函数、异常处理，包含表和字典的核心数据类型，以及以模块为基础的拓展系统。1991—1994 年，Python 增加了函数 lambda()、map()、filter()和 reduce()。1999 年，Python 的 Web 框架之祖——Zope 1 发布。2000 年，Python 添加了内存回收机制，构成了现在 Python 语言框架的基础。2004 年，Web 框架 Django 诞生。2006—2010 年，Python 2.5～Python 2.7 发布。2008 年，Python 3 发布，到现在依旧在不断更新。值得注意的是，Python 3 不向下兼容 Python 2。

Python 已经成为最受欢迎的程序设计语言之一。随着数据挖掘和人工智能的蓬勃发展，适用于这一领域的 Python 强势崛起，已长时间位列 TIOBE 编程语言排行榜前三名。

1.2 Python 的特点

Python 的主要特点如下。

（1）解释执行

Python 是一种解释型语言，无须编译和链接，可以大量节省程序开发时间。解释器可以交互使用，因此，开发人员在自下而上的程序开发过程中可以轻松地试验语言的特性、编写一次性程序或测试功能。

（2）面向对象

像 Java、C#一样，Python 也支持面向对象编程；不同的是，它还支持面向过程编程。面向对象程序设计（Object Oriented Programming，OOP）为结构化和过程化程序设计语言增添了新的活力，其关键在于将数据及对数据的操作行为组合在一起，作为一个相互依存、不可分割的整体——对象。而在面向过程程序设计中，程序是由过程或可重用的函数模块构建起来的。

（3）开源

Java、PHP 等语言都是开放源代码的，广大开发人员对其进行改进，使其越来越完善。考虑到长远的发展，Python 也采取了向公众开放源代码的策略，这样，任何一个 Python 爱好者都能够自由发布 Python 程序、阅读源代码并把它运用到新的开源软件中。这就是 Python

语言如此优秀的原因之一：它一直在被一些更加优秀的人不断改进。

（4）易用

Python 可在 Windows、macOS 和 UNIX 操作系统上使用。一方面，它为大型程序提供了比 Shell 脚本或批处理文件更多的结构和支持。另一方面，Python 还提供比 C 多得多的错误检查工具，并且，作为一种非常高级的语言，它内置了高级数据类型，如灵活的数组和字典。

（5）可读性强

Python 程序紧凑且可读。用 Python 编写的程序通常比等效的 C、C++或 Java 程序短得多，原因如下。

① 高级数据类型允许在单个语句中表达复杂的操作。

② 语句分组是通过缩进而不是开始和结束括号完成的。

③ 不需要变量或参数声明。

（6）可扩展

用户可以将 Python 解释器链接到一个用 C 编写的应用程序，并将 Python 用作该应用程序的扩展或命令语言。Python 就像胶水一样，可以把多种不同语言编写的程序融合到一起，实现无缝拼接，更好地发挥不同语言和工具的优势，满足不同应用领域的需求。

（7）丰富的基础代码库

用 Python 开发程序，许多功能不必从零编写，直接使用现成的即可。除了内置的库外，Python 还有大量的第三方库，也就是别人开发的、供用户直接使用的东西。当然，自己开发的代码通过很好的封装，也可以作为第三方库给别人使用。

（8）成熟的扩展库

众多开源的科学计算软件包都提供了 Python 的调用接口，如知名的计算机视觉库 OpenCV、三维可视化库 VTK、医学图像处理库 ITK。而 Python 专用的科学计算扩展库就更多了，例如，3 个十分经典的科学计算扩展库 Numpy、SciPy 和 Matplotlib 分别为 Python 提供了快速数组处理、数值运算及绘图功能。因此，Python 及其众多的扩展库所构成的开发环境十分适合工程技术、科研人员处理实验数据、制作图表，甚至开发科学计算应用程序。

1.3 Python 的主要应用领域

Python 的主要应用领域如下。

（1）Web 开发

Python 支持网站开发，比较流行的开发框架有 web2py、Django 等。许多大型网站就是用 Python 开发的，如 YouTube、Instagram 等。很多大公司，如 Google、Yahoo 等，甚至美国国家航空航天局都大量地使用 Python。

（2）网络编程

Python 提供了 socket 模块，对 socket 接口进行了两次封装，支持 socket 接口的访问；还提供了 urllib、httplib、scrapy 等大量模块，用于对网页内容进行读取和处理，并可以结合多线程编程及其他有关模块快速开发网页爬虫之类的应用程序。用户可以使用 Python 编写 CGI

（Common Gateway Interface，公共网关接口）程序，也可以把 Python 程序嵌入网页运行。

（3）科学计算与数据可视化

Python 中用于科学计算与数据可视化的模块很多，如 NumPy、SciPy、Matplotlib、Traits、TVTK、Mayavi、VPython、OpenCV 等，涉及的应用领域包括数值计算、符号计算、二维图表、三维数据可视化、三维动画演示、图像处理及界面设计等。

（4）数据库应用

Python 数据库模块有很多，例如，可以通过内置的 sqlite3 模块访问 SQLite 数据库，使用 pywin32 模块访问 Access 数据库，使用 pymysql 模块访问 MySQL 数据库，使用 pywin32 模块和 pymssql 模块访问 SQL Server 数据库。

（5）多媒体开发

PyMedia 模块可以对 WAV、MP3、AVI 等多媒体格式文件进行编码、解码和播放。PyOpenGL 模块封装了 OpenGL 应用程序编程接口，通过该模块可以在 Python 程序中集成二维或三维图形。PIL（Python Imaging Library，Python 图形库）为 Python 提供了强大的图像处理功能，并提供广泛的图像文件格式支持。

（6）电子游戏应用

Pygame 就是用来开发电子游戏软件的 Python 模块，使用 Pygame 模块可以创建功能丰富的游戏和多媒体程序。

1.4 Python 的安装与配置

学习 Python 编程，首先需要把 Python 安装到计算机中。在 Python 官网上，Python 分为 2.x 版和 3.x 版，并且有适合不同操作系统的版本。选择并下载 Python 的最新版本，安装后会得到 Python 解释器（负责运行 Python 程序）、一个命令行交互式环境，还有一个简单的集成开发环境。本书将以 Python 3.9 的 Windows 版本为基础进行讲解。

1.4.1 安装 Python

双击下载完毕的 Python 安装程序，先勾选“Add Python 3.9 to PATH”，然后单击“Install Now”，如图 1-1 所示，开始安装 Python。

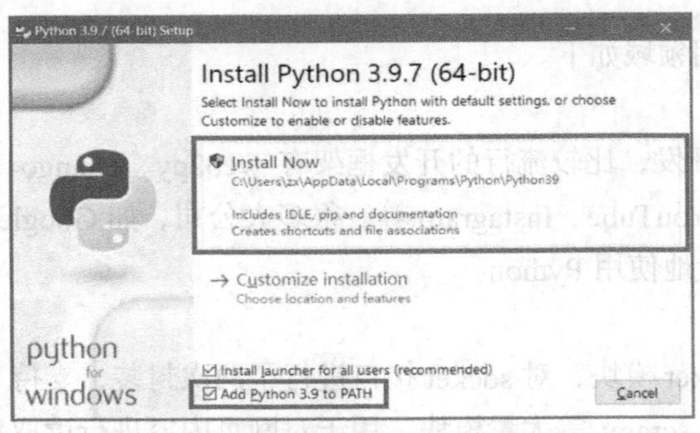

图 1-1 开始安装 Python

Python 安装界面如图 1-2 所示。

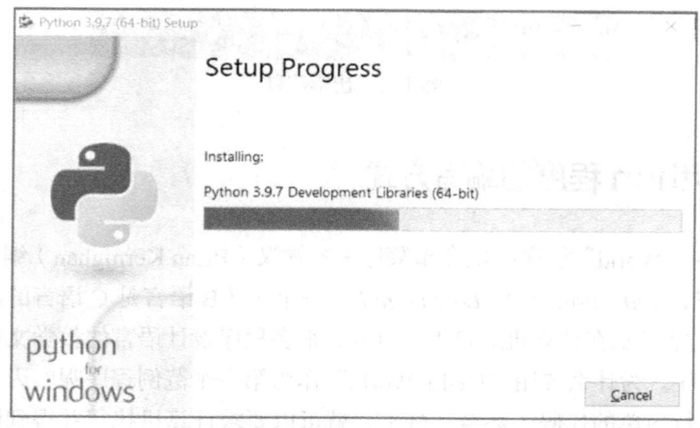

图 1-2　Python 安装界面

安装成功后将显示 Python 安装成功界面，如图 1-3 所示。

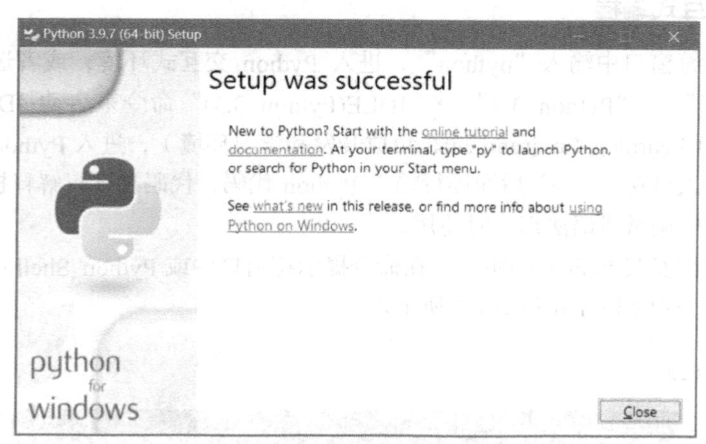

图 1-3　Python 安装成功界面

1.4.2　运行 Python

Python 安装成功后，在 Windows 的“运行”对话框中输入“cmd”，打开命令提示符窗口。输入“python”并按 Enter 键后，在窗口中看到 Python 的版本信息，就说明 Python 安装成功，如图 1-4 所示。提示符“>>>”表示已经在 Python 交互式环境中了，输入任何 Python 代码，按 Enter 键后会立刻得到执行结果。输入“exit”并按 Enter 键，就可以退出 Python 交互式环境（直接关掉命令提示符窗口也可以）。

```
C:\>python
Python 3.9.7 (tags/v3.9.7:1016ef3, Aug 30 2021, 20:19:38) [MSC v.1929 64 bit (AMD64)] on win32
Type "help", "copyright", "credits" or "license" for more information.
>>> _
```

图 1-4　Python 的版本信息

如果看到图 1-5 所示的出错信息，则是因为 Windows 会根据 Path 环境变量设定的路径去查找 python.exe，没找到就会报错。如果在安装时漏选了“Add Python 3.9 to PATH”，又不知道如何修改环境变量，建议把安装程序重新运行一遍，并勾选该复选项。

```
'python' 不是内部或外部命令，也不是可运行的程序
或批处理文件。
```

图1-5　出错信息

1.5　Python 程序的编写方式

第一个“Hello World”程序出现在布莱恩 • 柯林汉（Brian Kernighan）编写的《B 语言教程》（*A Tutorial Introduction to the Language B*）一书中（B 语言是 C 语言的前身），用来将“Hello World”文字显示在计算机屏幕上。自此，很多程序设计语言的教学文档或书籍将它当作第一个范例程序。为什么要用“Hello World”作为第一个范例程序呢？因为它很简单，初学者只要输入几行简单的代码（甚至一行），就可以要求计算机执行并得到回馈：计算机屏幕上显示“Hello World”。因此，本书也以“Hello World”作为第一个程序。

1.5.1　交互式编程

在命令提示符窗口中输入“python”，进入 Python 交互式环境；或者选择“开始”菜单→“所有程序”→“Python 3.9”→“IDLE(Python 3.9)”命令来启动 IDLE（Integrated Development and Learning Environment，集成开发和学习环境），进入 Python Shell（Python 解释器）。开发人员在“>>>”后面逐行输入 Python 代码，代码被逐行解释执行。这种编程方式适合简单程序调试或语法练习时使用。

例如，查看已安装 Python 的版本，在命令提示符窗口中或 Python Shell 中输入以下内容即可。显示结果分别如图 1-6 和图 1-7 所示。

```
>>>import sys
>>>sys.version
```

```
>>> import sys
>>> sys.version
'3.9.7 (tags/v3.9.7:1016ef3, Aug 30 2021, 20:19:38) [MSC v.1929 64 bit (AMD64)]'
>>>
```

图1-6　命令提示符窗口显示结果

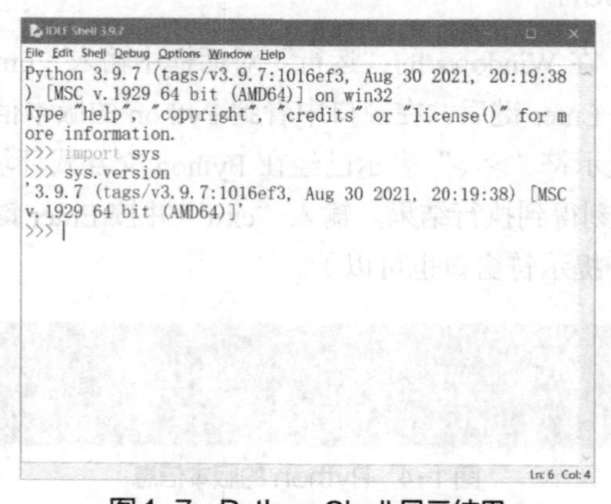

图1-7　Python Shell 显示结果

【例 1-1】　编程输出“hello world”。

在“>>>”后面输入“print('hello world')”，然后按 Enter 键，就可以看到这行代码的执

行结果。命令提示符窗口和 Python Shell 显示结果分别如图 1-8 和图 1-9 所示。

【程序代码】

```
>>> print('hello world')
```

```
C:\>python
Python 3.9.7 (tags/v3.9.7:1016ef3, Aug 30 2021, 20:19:38) [MSC v.1929 64 bit (AMD64)] on win32
Type "help", "copyright", "credits" or "license" for more information.
>>> print('hello world')
hello world
>>>
```

图 1-8　命令提示符窗口显示结果

```
IDLE Shell 3.9.7
File Edit Shell Debug Options Window Help
Python 3.9.7 (tags/v3.9.7:1016ef3, Aug 30 2021, 20:19:38) [
MSC v.1929 64 bit (AMD64)] on win32
Type "help", "copyright", "credits" or "license()" for more
information.
>>> print('hello world')
hello world
>>>
Ln: 5 Col: 4
```

图 1-9　Python Shell 显示结果

1.5.2　文件式编程

在 Python 的 IDLE 编辑器中编写程序文件的步骤如下。

（1）启动编辑器

选择“开始”菜单→“所有程序”→“Python 3.9”→“IDLE(Python 3.9)”命令启动 IDLE 后，在 Python Shell 中选择“File”→“New File”命令启动 IDLE 编辑器，如图 1-10 所示。

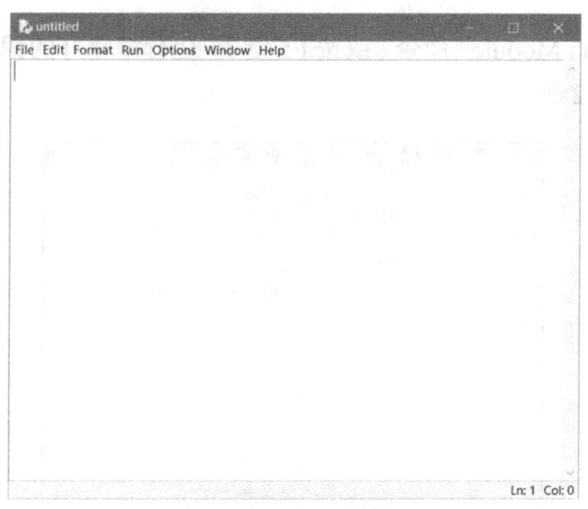

图 1-10　IDLE 编辑器

（2）新建程序文件

在图 1-10 中标题栏内显示的是“untitled”，表示当前的程序还没有命名和保存。选择

“File”→“Save As”命令，弹出“另存为”窗口，选择保存路径，确定程序的文件名，扩展名为.py。保存后，IDLE 编辑器的标题栏会显示文件名和保存路径。

（3）编辑并保存程序文件

在 IDLE 编辑器中输入代码，然后选择“File”→“Save”命令保存修改内容。依然以例 1-1 为例，IDLE 编辑器中的代码如图 1-11 所示。

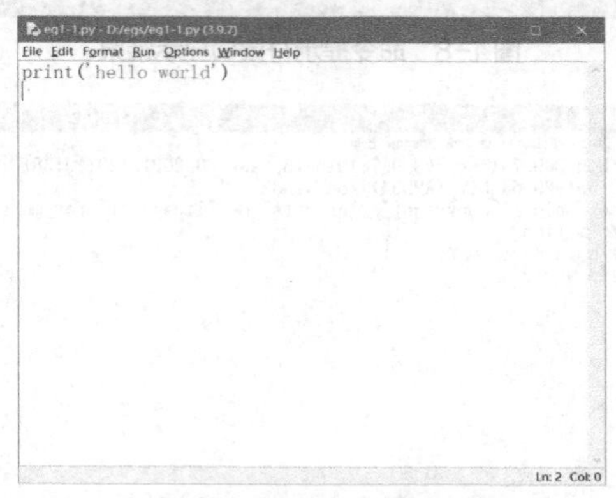

图 1-11 IDLE 编辑器中的代码

IDLE 编辑器为开发人员提供了许多有用的功能，如自动缩进、语法高亮显示、单词自动完成及命令历史等。这些功能能够有效提高开发效率。

语法高亮显示，就是将代码中不同的元素用不同的颜色显示。默认情况下，关键字显示为橘红色，注释显示为红色，字符串显示为绿色，解释器的输出显示为蓝色。在输入代码时，IDLE 编辑器会自动应用这些颜色突出显示。语法高亮显示的好处是，不同的语法元素更容易区分，提高了代码的可读性；与此同时，语法高亮显示还降低了出错的可能性。例如，如果输入的变量名显示为橘红色，那么就需要注意了，这说明该变量名与预留的关键字冲突，所以必须给变量更换名称。

（4）运行程序

选择“Run”→“Run Module”命令（或按 F5 键），运行编辑好的程序。运行结果在 Python Shell 中显示，如图 1-12 所示。

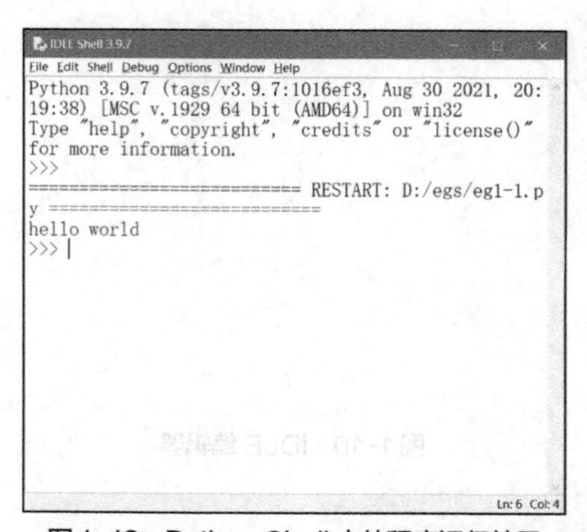

图 1-12 Python Shell 中的程序运行结果

（5）调试程序

软件开发过程中，总免不了出现错误，其中有语法方面的错误，也有逻辑方面的错误。对于语法错误，Python 解释器很容易会检测出来，这时它会停止程序的运行并给出错误提示。对于逻辑错误，Python 解释器就无能为力了，这时程序会一直运行下去，但是得到的运行结果却是错误的。所以，常常需要对程序进行调试。

最简单的调试方法是直接显示程序数据，例如，可以在某些关键位置用 print 语句显示出变量的值，从而确定有没有出错。但是这个办法比较麻烦，因为开发人员必须在所有可疑的地方都插入 print 语句，等到程序调试完后，还必须将这些 print 语句全部清除。

除此之外，还可以使用调试器来进行调试。利用调试器，可以分析被调试程序的数据，并监视程序的运行流程。调试器的功能包括暂停程序运行、检查和修改变量、调用方法而不更改程序代码等。IDLE 也提供了一个调试器，帮助开发人员查找逻辑错误。下面简单介绍 IDLE 的调试器的使用方法。

在 Python Shell 中选择“Debug”→“Debugger”命令，就可以启动 IDLE 的交互式调试器。这时，IDLE 会打开图 1-13 所示的“Debug Control”窗口，显示“[DEBUG ON]”并且其后跟一个“>>>”提示符。此时输入的任何命令都在调试器下执行。

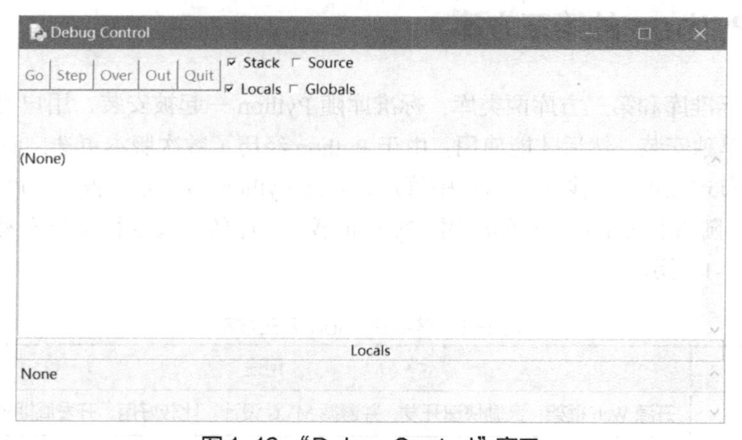

图 1-13 “Debug Control”窗口

可以在“Debug Control”窗口中查看局部变量和全局变量等。如果要退出调试器，可以再次选择“Debug”→“Debugger”命令，IDLE 会关闭“Debug Control”窗口，并在 Python Shell 中输出“[DEBUG OFF]”。

1.5.3 IDLE 编辑器的常用编辑功能

编写 Python 程序时常用的 IDLE 编辑器菜单包括 File、Edit、Format 和 Run 等。下面主要介绍 Edit 菜单和 Format 菜单。

（1）Edit 菜单中常用的菜单项及解释如下。

- Undo：撤销上一次的修改。
- Redo：重复上一次的修改。
- Cut：将所选文本剪切至剪贴板。
- Copy：将所选文本复制到剪贴板。

- Paste：将剪贴板的文本粘贴到光标所在位置。
- Find：在窗口中查找单词或模式。
- Find in files：在指定的文件中查找单词或模式。
- Replace：替换单词或模式。
- Go to line：将光标定位到指定行首。

（2）Format 菜单中常用的菜单项及解释如下。

- Indent region：使所选内容右移一级，即增加缩进量。
- Dedent region：使所选内容左移一级，即减少缩进量。
- Comment out region：将所选内容变成注释。
- Uncomment region：去除所选内容每行前面的注释符。
- New indent width：重新设定制表位缩进宽度，范围为 2～16；宽度为 2，相当于 1 个空格。
- Expand word：单词自动完成。
- Toggle tabs：打开或关闭制表位。

1.6 Python 的第三方库

Python 有标准库和第三方库两类库：标准库随 Python 一起被安装，用户可以随时使用；第三方库需要单独安装，然后才能使用。由于 Python 经历了数次版本更迭，而且第三方库由全球开发者分布式维护，缺少统一的集中管理，因此 Python 第三方库曾经一度制约了 Python 的普及和发展。随着官方 pip 工具的应用，Python 第三方库的安装变得十分容易。常用 Python 第三方库如表 1-1 所示。

表 1-1 常用 Python 第三方库

库名称	用途
Django	开源 Web 框架，鼓励快速开发，并遵循 MVC 设计，比较好用，开发周期短
web.py	一个小巧灵活的 Web 框架，虽然简单，但是功能强大
Matplotlib	用 Python 实现的类 MATLAB 的第三方库，用于绘制一些高质量的数学二维图形
SciPy	基于 Python 的 MATLAB 实现，旨在提供 MATLAB 的所有功能
NumPy	基于 Python 的科学计算第三方库，提供了矩阵、线性代数、傅里叶变换等解决方案
PyGtk	基于 Python 的 GUI 程序开发 GTK+库
PyQt	用于 Python 的 Qt 开发库
WxPython	Python 下的 GUI 编程框架，与 MFC 架构相似
BeautifulSoup4	基于 Python 的 HTML/XML 解析器，简单易用
Pillow	基于 Python 的图像处理库，功能强大，对图形文件的格式支持广泛
MySQLdb	连接 MySQL 数据库
pymssql	连接 SQLServer 数据库
Pygame	基于 Python 的多媒体开发和游戏软件开发模块

续表

库名称	用途
Py2exe	将Python脚本转换为Windows上可以独立运行的可执行程序
pefile	Windows PE文件解析器
pandas	分析结构化数据的工具集，建立在NumPy之上
jieba	中文分词第三方库

最常用且最高效的Python第三方库的安装方式是采用pip工具安装。pip是Python官方提供并维护的在线第三方库安装工具。对于同时安装Python 2和Python 3的情况，建议采用pip3命令专门为Python 3安装第三方库。

以安装Pygame库为例，pip工具默认从网络上下载Pygame库安装文件，并自动安装到系统中，代码如下。注意，pip是在命令行下运行的工具。

```
D:>pip install pygame
```

用户也可以卸载Pygame库，卸载过程可能需要用户确认，代码如下。

```
D:\>pip uninstall pygame
```

用户还可以通过 list子命令列出当前系统中已经安装的第三方库，代码如下。

```
D:>pip list
```

pip是Python第三方库主要的安装方式，可以安装90%以上的第三方库。然而，由于历史、技术等原因，还有一些第三方库暂时无法用pip安装。此时需要用其他安装方法（例如，下载库文件后手工安装)。

1.7 本章小结

本章主要讲解Python简介、Python的特点和主要应用领域、Python的安装与配置，以及Python程序的编写方式，最后介绍了Python第三方库的相关内容。

Python是一种简单易学、面向对象、解释型的计算机程序设计语言，由吉多•范•罗苏姆于1991年开发完成。它提供了非常完善的基础代码库，大大加快了项目开发速度，缩短了开发周期。

Python具有解释执行、面向对象、开源、易用、可读性强和可扩展等特点。其应用非常广泛，包括Web 开发、网络编程、科学计算与数据可视化、数据库应用、多媒体开发和电子游戏应用等。

Python的编程方式分为交互式编程、文件式编程。交互式编程是逐行输入，逐行运行。文件式编程需要输入整个程序。

习题1

一、选择题

1. 以下选项中，不是Python语言特点的是（　　）。

   A. 黏性扩展：Python语言能够集成C、C++等语言编写的代码

B. 强制可读：Python 语言通过强制缩进来体现语句间的逻辑关系

C. 变量声明：Python 语言具有使用变量需要先定义后使用的特点

D. 平台无关：Python 程序可以在任何安装了解释器的操作系统环境中执行

2. 以下关于程序设计语言的描述，错误的选项是（　　）。

A. 程序设计语言经历了机器语言、汇编语言、脚本语言三个阶段

B. 编译和解释的区别是一次性翻译程序还是每次执行时都要翻译程序

C. Python 语言是一种脚本编程语言

D. 汇编语言是直接操作计算机硬件的编程语言

3. 关于 Python 语言，以下选项中描述错误的是（　　）。

A. Python 语言是脚本语言　　B. Python 语言是非开源语言

C. Python 语言是跨平台语言　　D. Python 语言是多模型语言

4. 以下选项中说法不正确的是（　　）。

A. 静态语言采用解释方式执行，脚本语言采用编译方式执行

B. 编译是将源代码转换成目标代码的过程

C. C 语言是静态语言，Python 语言是脚本语言

D. 解释是将源代码逐条转换成目标代码同时逐条运行目标代码的过程

5. 查看 Python 是否安装成功的命令是（　　）。

A. win+r　　B. exit　　C. PyCharm　　D. Python -v

6. 执行后可以查看 Python 的版本的是（　　）。

A.

```
import sys
print(sys.Version)
```

B.

```
import sys
print(sys.version)
```

C.

```
import system
print(system.version)
```

D.

```
import system
print(system.Version)
```

7. 以下选项中，不是 Python 打开方式的是（　　）。

A. Office

B. Windows 操作系统的命令行工具

C. 带图形界面的 Python Shell——IDLE 编辑器

D. 命令行版本的 Python Shell

8. Python 为源文件指定系统默认字符编码的声明是（　　）。

A. #coding:uft-8　　B. #coding:GB2312　　C. #coding:GBK　　D. #coding:cp936

9. IDLE 菜单中创建新文件的组合键是（　　）。

A. Ctrl+N　　B. Ctrl+F　　C. Ctrl+]　　D. Ctrl+[

10. 以下关于Python程序设计的描述不正确的是（　　）。

A. 在“>>>”后的代码是逐行编写、逐行执行

B. 在IDLE编辑器中的程序必须先保存才能运行

C. 在IDLE编辑器中的程序可以不保存就运行

D. 在“>>>”后面输入的代码只能被执行，不能保存

二、问答题

1. Python语言是谁开发的？有什么特点？

2. Python语言有哪些应用领域？

三、程序设计题

1. 安装Python。

2. 在交互式环境下用print()函数输出“hello world”。

3. 在IDLE编辑器中创建一个Python程序，编写以下三行代码，保存为“hw1-1.py”并运行。

```
print('请输入您的姓名：')
name=input()
print(name, '欢迎您开启 Python 之旅！')
```

第2章
Python 语言基础

每一种程序设计语言都由数据、运算、传输和控制 4 种元素组成，本章主要对前两个元素进行介绍。首先介绍 Python 的基本数据类型，如整型、浮点型、复数型和布尔型；然后介绍这些类型数据的两种存在方式——常量和变量；接着介绍 Python 的运算符和表达式，以及常用库函数；最后对 Python 代码规范进行说明。

2.1　基本数据类型

程序用于处理各种各样的数据，不同的数据归属于不同的数据类型。Python 的数据类型主要包括基本数据类型和组合数据类型。本节主要介绍基本数据类型的整型（int）、浮点型（float）、复数型（complex）和布尔型（bool）。字符串、列表、元组、集合和字典将在第 4 章介绍。

2.1.1　整型

Python 的基本数据类型是数值类型，用于对数的表示和使用进行定义和规范。从 Python 3 之后，整型为 int，不再区分整数与长整数（在 Python 2 中分别是 int 与 long），int 的长度不受限制（除了硬件物理上的限制之外）。

Python 可以处理任意大小的整数，当然包括正、负整数，它们在程序中的表示方法和数学上的写法一样。Python 中整数的表示分为十进制、二进制、八进制和十六进制这 4 种形式。如果直接写下一个整数，例如 10，默认是十进制整数。若要写二进制整数，则在数字前加“0b”或“0B”；若要写八进制整数，则在数字前加“0o”或“0O”；若要写十六进制整数，则以“0x”或“0X”开头。举例如下。

十进制整数：1010, 99, −217。

二进制整数：0b010, −0B101。

八进制整数：0o123, −0O456。

十六进制整数：0x9a, −0X89。

2.1.2　浮点型

浮点型也就是小数，之所以称为浮点型，是因为以科学记数法表示时，其小数点位置是可变的。在 Python 中，带有小数点及小数位的数都被视为浮点型，精确位数为 15 位，最多存储 16 位。

Python 中浮点型有两种表示形式：十进制形式和科学记数法形式。

（1）十进制形式

通过十进制的数字和小数点表示。例如，0.0、−77.、−2.17，都是 Python 中的浮点型数据。

（2）科学记数法形式

使用字母“e”或“E”作为幂的符号，以 10 为基数。科学记数法含义：<*a*>e<*b*> = $a\times10^{b}$。例如，4.3e−3 和 9.6E5 都是科学记数法形式，分别表示 0.0043 和 960000。

2.1.3　复数型

一个实数和一个虚数的组合构成一个复数。复数型中的“复数”与数学中的复数概念一致。

复数型的表示形式为 *z* =<*a*> +<*b*>j，*a* 是实数部分，*b* 是虚数部分，*a* 和 *b* 都是浮点型，虚数部分用“j”或“J”标识。例如，12.3+4j，−5.6+7J。

在 Python 中，可以用 *z*.real 获得一个复数型的实数部分，用 *z*.imag 获得虚数部分。例如，(5+6e2j).real 和(5+6e2j).imag 分别会得到 5.0 和 600.0。

2.1.4 布尔型

布尔型是特殊的整型，取值范围只有两个值，也就是 True 和 False。对于整型或浮点型，0 对应 False，非 0 对应 True；对于其他类型的数据，空（或 Null）对应 False，非空对应 True。布尔型数据通常应用于条件判断。当需要将其他类型数据转换为布尔型数据时，可使用 bool() 函数。例如，bool(0)返回 False，bool(−5)返回 True。

2.1.5 数据类型相关函数

数据类型相关函数简介如下。

（1）当需要显示某个数据的类型时，可以使用 type()函数实现。

例如，在交互式环境的“>>>”后面输入代码，显示结果如下。

```
>>> type(1010)
<class 'int'>
>>> type(-77.)
<class 'float'>
>>> type(5+6e2j)
<class 'complex'>
>>> type(True)
<class 'bool'>
```

（2）Python 数据类型转换函数如表 2-1 所示。

表 2-1 Python 数据类型转换函数

函数	描述
int(x [.base])	将 x 转换为整型
float(x)	将 x 转换为浮点型
complex(real [imag])	创建一个复数型
str(x)	将对象 x 转换为字符串
repr(x)	将对象 x 转换为表达式字符串
eval(str)	用来计算在字符串中的有效 Python 表达式，并返回一个对象
tuple(s)	将序列 s 转换为一个元组
list(s)	将序列 s 转换为一个列表
chr(x)	将一个 ASCII 整数或 Unicode 代码转换为一个字符
ord(x)	将一个字符转换为对应的 ASCII 整数（汉字则为 Unicode 代码）
bin(x)	将整数 x 转换为二进制字符串，例如，bin(24)结果是'0b11000'
oct(x)	将整数 x 转换为八进制字符串，例如，oct(24)结果是'0o30'
hex(x)	将整数 x 转换为十六进制字符串，例如，hex(24)结果是'0x18'
chr(i)	返回整数 i 对应的 ASCII 字符，例如，chr(65)结果是'A'

【例 2-1】 数据类型转换函数 int()、float()、complex()的应用。

【程序代码】

```
>>> int(4.5)
```

```
4
>>> float(4)
4.0
>>> complex(4, 3)
(4+3j)
```

2.2 常量与变量

2.1 节介绍的数据类型在程序中通过两种形式被使用，一种是常量，另一种是变量。

2.2.1 常量

前面看到的 1010、-77.、4.3e-3、5+6e2j、True 在程序中被使用的时候称为常量，因为这些量在程序的执行过程中不会改变。不同的数据类型都有其对应的常量。

2.2.2 变量

1. 变量的含义

在程序中，除了以常量形式直接使用数据外，我们也可能需要先将数据存储，再使用。例如，求圆的面积，就需要先存储圆的半径，再用半径来求面积。这些被存储在内存中的数据如何才能被使用呢？变量就是指向存储空间中的数据的符号，如图 2-1 所示。开发人员可以通过变量来使用这些存储在内存中的数据。

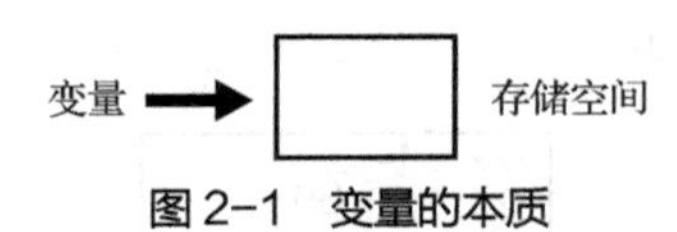

图 2-1 变量的本质

2. 标识符与关键字

变量的名称，以及后面要讲的函数的名称都属于标识符。在 Python 中，标识符必须为大小写英文字母、数字和下画线（_）的组合，由大小写英文字母或下画线（_）开头，如 r、a1_1、_name_1 等。注意，标识符对大小写敏感，“python”和“Python”是两个不同的标识符。

一般来说，开发人员可以为程序元素选择任何喜欢的名字，但是需要避开 Python 中已经使用的标识符，这些已使用的标识符称为 Python 的关键字。Python 3 共有 33 个关键字，如表 2-2 所示。与其他标识符一样，Python 的关键字对大小写敏感。例如，“for”是关键字，而“For”则不是，开发人员可以定义其为变量名称。

表 2-2 Python 3 的关键字

序号	关键字	序号	关键字	序号	关键字	序号	关键字	序号	关键字
1	and	8	del	15	from	22	None	29	True
2	as	9	elif	16	global	23	nonlocal	30	try
3	assert	10	else	17	if	24	not	31	while
4	break	11	except	18	import	25	or	32	with
5	class	12	False	19	in	26	pass	33	yield
6	continue	13	finally	20	is	27	raise		
7	def	14	for	21	lambda	28	return		

3. 变量的使用

在 Python 中，变量可以直接用，不用定义。例如，用变量 r 指向存储了圆半径 5 的存储空间，需要写代码：

```
>>> r = 5
```

这时，变量 r 就指向了整型数据 5 的存储空间，r 的数据类型是整型，如图 2-2 所示。

```
>>> r = 5
>>> type(r)
<class 'int'>
```

图 2-2　使用 type()函数输出 r 的数据类型

如果继续写：

```
>>> s = r
```

这时，s 就和 r 同时指向整型数据 5 的存储空间，如图 2-3 所示。

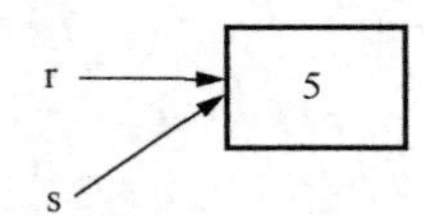

图 2-3　r 和 s 两个变量指向同一个存储空间

如果继续写：

```
>>> r = 10.8
```

这时，r 重新指向浮点型数据 10.8 的存储空间，而 s 依然指向整型数据 5 的存储空间。r 的数据类型变为浮点型，如图 2-4 所示。

```
>>> r = 5
>>> type(r)
<class 'int'>
>>> r =10.8
>>> type(r)
<class 'float'>
```

图 2-4　r 的数据类型变化

4. 删除变量

使用 del 语句可以删除一个或多个变量。如果需要删除多个变量，中间用逗号隔开。注意：首先，del 后面的变量必须是存在的；其次，删除之后，变量不能再使用。

【语法格式】

```
del 变量1[,变量2[, …]]
```

【例 2-2】 del 的使用。

【程序代码】

```
>>> del r
```

或

```
>>> del r,s
```

2.3　运算符与表达式

在程序中，表达式是用来计算求值的，它是由运算符（操作符）和运算数（操作数）组成的式子。运算符是表示进行某种运算的符号。运算数包含常量、变量和函数等。本节主要介绍算术运算符、关系运算符、逻辑运算符、位运算符和赋值运算符以及对应的表达式。

2.3.1 算术运算符与算术表达式

算术运算符是表示算术运算的符号，如表 2-3 所示。

表 2-3 算术运算符

算术运算符	描述	实例
x + y	x 与 y 之和	5+4 结果为 9
x − y	x 与 y 之差	5−4 结果为 1
x * y	x 与 y 之积	5*4 结果为 20
x / y	x 与 y 之商	5/4 结果为 1.25
x // y	不大于 x 与 y 之商的最大整数	5//4 结果为 1，−5//4 结果为−2
x % y	x 与 y 之商的余数	9%5 结果为 4，−9%5 结果为 1
−x	x 的相反数	−5 即 5*(−1)
+x	x 本身	+5 即 5
x**y	x 的 y 次幂	5**2 结果为 25

这些算术运算符的优先级从高到低为**、（取正运算符+、取负运算符-）、（*、/、//、%）、（加法运算符+、减法运算符-）。其中，括号内的运算符优先级相同。

【例 2-3】 计算表达式 30−3**2+8//3**2*10 的值。

步骤 1，整理表达式中各运算符的优先级。其中，“**”最高，然后是“//”和“*”，最后是“−”和“+”。

步骤 2，按步骤 1 的整理结果，先计算两个“**”运算符连接的部分。得出“30−9+8//9*10”的结果。

步骤 3，计算“//”和“*”运算符连接的部分。得出“30−9+0”的结果。

步骤 4，计算“−”和“+”运算符连接的部分。得出“21”的结果。

【程序代码】

```
>>> 30-3**2+8//3**2*10
```

【运行结果】

```
21
```

在运算过程中，三种数据类型之间存在一种逐渐“扩展”的关系：整型→浮点型→复数型。例如，123 + 4.0 = 127.0（整型+浮点型=浮点型）。

【例 2-4】 用 Python 算术表达式表示数学表达式 $x=\sqrt{\dfrac{3^4+5\times6^7}{8}}$。

【解析过程】开平方可使用“**”运算符实现，“3^4”和“6^7”也可使用“**”运算符实现，除用“/”运算符实现。因此 Python 算术表达式为((3**4+5*6**7)/8)**0.5。

2.3.2 关系运算符与关系表达式

关系运算的作用是比较运算符两边的运算数的大小，判断它们是否符合运算符的要求。关系运算符如表 2-4 所示。

表2-4 关系运算符

关系运算符	描述	实例
==	等于	5==3 结果为 False
!=	不等于	5!=3 结果为 True
>	大于	5>8 结果为 False
<	小于	5<8 结果为 True
>=	大于等于	5>=8 结果为 False
<=	小于等于	5<=8 结果为 True

这些算术运算符的优先级相同，在同一个表达式中按从左到右的顺序依次执行。

【例 2-5】 计算以下关系表达式的值。

① "abcde"=="abd"

② "abcde" > "aba"

③ "BC" >= "ABCFF"

④ 31 > 4

⑤ "31" > "4"

⑥ "abc" != "ABC"

【程序代码】

```
>>> "abcde"=="abd"
False
>>> "abcde" > "aba"
True
>>> "BC" >= "ABCFF"
True
>>> 31 > 4
True
>>> "31" > "4"
False
>>> "abc" != "ABC"
True
```

其中，数值类型数据进行关系运算时，就是比数值大小，字符串进行关系运算时，按字母出现顺序比较其 Unicode 代码。

2.3.3 逻辑运算符与逻辑表达式

逻辑运算又叫作布尔运算。对两个运算数进行逻辑运算，结果是 bool 值 True 或 False。参与运算的运算数如果为数值类型（0）、空字符串（""）、空元组（()）、空列表（[]）、空字典（{}），则其 bool 值为 False（假）；否则其 bool 值为 True（真）。逻辑运算符如表 2-5 所示。

表2-5 逻辑运算符

逻辑运算符	描述	实例
and	且。判断两个运算数表示的条件是否同时满足	True and True，结果为 True True and False，结果为 False False and True，结果为 False False and False，结果为 False

续表

逻辑运算符	描述	实例
or	或。判断两个运算数表示的条件是否有一个满足	True or True，结果为 True True or False，结果为 True False or True，结果为 True False or False，结果为 False
not	非。结果为运算数的反面	not True，结果为 False not False，结果为 True

这些逻辑运算符的优先级从高到低为 not、and、or。

【例 2-6】 计算表达式 5 and "" or not(False)的值。

【解析过程】

步骤 1，确定 and、or 和 not 的优先级。not 最高，然后是 and，最后是 or。

步骤 2，计算“not(False)”的结果为 True，表达式更新为“5 and "" or True”。

步骤 3，计算“5 and ""”，由于""对应 False，因此结果为 False，表达式更新为“False or True”。

步骤 4，计算“False or True”，结果为 True。

【程序代码】

```
>>> 5 and "" or not(False)
```

【运行结果】

```
True
```

2.3.4 位运算符

位运算是指进行二进制位的运算。位运算符如表 2-6 所示。

表 2-6　位运算符

运算符	描述	实例
&	按位与。两个二进制数，如果对应位都为 1，则该位的结果为 1，否则为 0	a 的值为 0011 1100，b 的值为 0000 1101，a & b 输出结果 12，二进制结果 0000 1100
|	按位或。两个二进制数，如果对应位有一个为 1，则该位的结果为 1	a 的值为 0011 1100，b 的值为 0000 1101，a | b 输出结果 61，二进制结果 0011 1101
^	按位异或。两个二进制数，当对应位的值相异时，结果为 1	a 的值为 0011 1100，b 的值为 0000 1101，a ^ b 输出结果 49，二进制结果 0011 0001
~	按位取反。对二进制数的每位取反，即把 1 变为 0，把 0 变为 1	a 的值为 0011 1100，~a 输出结果 -61，二进制结果 1100 0011
<<	左移。把<<左边的运算数的各二进制位全部左移若干位，<<右边的数字指定了移动的位数，高位丢弃，低位补 0	a 的值为 0011 1100，a << 2 输出结果 240，二进制结果 1111 0000
>>	右移。把>>左边的运算数的各二进制位全部右移若干位，>> 右边的数字指定了移动的位数，高位补 0，低位丢弃	a 的值为 0011 1100，a >> 2 输出结果 15，二进制结果 0000 1111

2.3.5 赋值运算符

1. 赋值运算符

Python 语言中，“=”表示“赋值”，即将等号右侧的计算结果赋给左侧变量，包含等号

（=）的语句称为“赋值语句”。单个变量赋值的语法格式和多个变量赋值的语法格式如下。

【语法格式 1】

```
变量名 = 数据
```

【语法格式 2】

```
<变量 1>, …, <变量 N> = <表达式 1>, …, <表达式 N>
```

【例 2-7】 交换变量 x 和 y 的值。

【程序代码 1】使用单个变量赋值语句。采用单个变量赋值语句，需要 3 行代码：

① 通过一个临时变量 t 缓存 x 的原始值；

② 将 y 值赋给 x；

③ 将 x 的原始值通过 t 赋给 y。

```
>>> x=5
>>> y=8
>>> t=x
>>> x=y
>>> y=t
>>> x
8
>>> y
5
```

【程序代码 2】使用同步赋值语句。

```
>>> x=5
>>> y=8
>>> x, y=y, x
>>> x
8
>>> y
5
```

2. 复合赋值运算符

在赋值符“=”之前加上其他运算符，可以构成复合运算符，或者称为复合赋值运算符。在“=”前加上一个“+”运算符就构成了复合赋值运算符“+=”。复合赋值运算符如表 2-7 所示。

表 2-7　复合赋值运算符

运算符	描述	实例	展开形式
+=	加赋值	x+=y	x=x+y
-=	减赋值	x-=y	x=x-y
*=	乘赋值	x*=y	x=x*y
/=	除赋值	x/=y	x=x/y
%=	取余数赋值	x%=y	x=x%y
**	幂赋值	x**=y	x=x**y
//=	取整除赋值	x//=y	x=x//y

2.3.6 运算符的优先级

除了每种运算符内部有优先级，不同运算符之间也存在优先级。表 2-8 从高到低列出了常用运算符的优先级。

表2-8 常用运算符的优先级（从高到低）

运算符	描述
**	幂
~x	按位取反
+x、-x	取正、取负
*、/、//、%	乘法、除法、整除与取余
+、-	加法与减法
<<、>>	移位
&	按位与
^	按位异或
|	按位或
<、<=、>、>=、!=、<>、==	关系（比较）
not	逻辑非
and	逻辑与
or	逻辑或

【例2-8】某校推荐参加某大赛条件：年龄（Age）小于24岁，三个预赛成绩的总分（Total）高于285分，其中一个预赛成绩为100分。如何用Python表达式表示？

假设：

```
age = 19
mark1 = 99
mark2 = 100
mark3 = 89
total = mark1 + mark2 + mark3
excellent = ?
```

【解析过程】根据题目可看出整个条件由三个部分组成，“年龄（Age）小于24岁”“三个预赛成绩的总分（Total）高于285分”“其中一个预赛成绩为100分”。这三个部分需要同时满足，也就是需要执行“并”运算。由于第三部分中的“or”运算符优先级低于“and”，因此加上“()”用于提升这部分的计算优先级。

条件1：age<24。

条件2：total>285。

条件3：mark1==100 or mark2==100 or mark3==100。

Python表达式：

```
excellent = age<24 and total>285 and (mark1==100 or mark2==100 or mark3==100)
```

2.4 常用库函数

2.4.1 math库

math库是Python提供的内置数学类函数库，math库仅支持整型和浮点型运算，不支持复数型。math库一共提供了4个数学常数和44个函数，包括16个数值表示函数、8个幂对数函数、16个三角运算函数、4个高等特殊函数。

1. 使用 math 库的两种方法

（1）第一种方法

```
import math
```

对 math 库中函数可采用“math.<函数名>()”形式使用。

```
>>>import math
>>>math.ceil(10.4)
11
```

（2）第二种方法

```
from math import <函数名>
```

对 math 库中函数可直接采用“<函数名>()”形式使用。

```
>>>from math import floor
>>>floor(10.4)
10
```

2. math 库的常数和函数

（1）math 库包括 4 个数学常数，如表 2-9 所示。

表 2-9 数学常数

常数	数学表示	描述
math.pi	π	圆周率，值为 3.141592653589793
math.e	e	自然常数，值为 2.718281828459045
math.inf	∞	正无穷大。负无穷大为-math.inf
math.nan		非浮点型标记，NaN（Not a Number）

（2）math 库包括 16 个数值表示函数，如表 2-10 所示。

表 2-10 数值表示函数

函数	数学表示	描述
math.fabs(x)	$\|x\|$	返回 x 的绝对值
math.fmod(x, y)	$x\%y$	返回 x 与 y 的模
math.fsum([x,y,…])	$x+y+\cdots$	浮点型精确求和
math.ceil(x)		向上取整，返回不小于 x 的最小整数
math.floor(x)		向下取整，返回不大于 x 的最大整数
math.factorial(x)	$x!$	返回 x 的阶乘，如果 x 是小数或负数，返回 ValueError
math.gcd(a, b)		返回 a 与 b 的最大公约数
math.frepx(x)	$x = m\times2^e$	返回(m, e)，当 x=0，返回(0.0, 0)
math.ldexp(x, i)	$x\times2^i$	返回 x * 2i 运算值，math.frepx(x)函数的反运算
math.modf(x)		返回 x 的小数和整数部分
math.trunc(x)		返回 x 的整数部分
math.copysign(x, y)		用数值 y 的正负号替换数值 x 的正负号
math.isclose(a,b)		比较 a 和 b 的相似性，返回 True 或 False
math.isfinite(x)		当 x 为无穷大，返回 True；否则返回 False
math.isinf(x)		当 x 为正无穷大或负无穷大，返回 True；否则返回 False
math.isnan(x)		当 x 是 NaN，返回 True；否则返回 False

（3）math库包括8个幂对数函数，如表2-11所示。

表2-11 幂对数函数

函数	数学表示	描述
math.pow(x,y)	x^y	返回x的y次幂
math.exp(x)	e^x	返回e的x次幂
math.expml(x)	e^x-1	返回e的x次幂减1
math.sqrt(x)	$\sqrt{x}$	返回x的平方根
math.log(x[,base])	$\log_{base} x$	返回x的对数，只输入x时，返回自然对数
math.log1p(x)	$\ln(1+x)$	返回1+x的自然对数
math.log2(x)	$\log_2 x$	返回以2为底的x的对数
math.log10(x)	$\log_{10} x$	返回以10为底的x的对数

（4）math库包括16个三角运算函数，如表2-12所示。

表2-12 三角运算函数

函数	数学表示	描述
math.degree(x)		角度x的弧度值转角度值
math.radians(x)		角度x的角度值转弧度值
math.hypot(x,y)	$\sqrt{x^2+y^2}$	返回点(x,y)到坐标原点(0,0)的距离
math.sin(x)	$\sin x$	返回x的正弦函数值，x是弧度值
math.cos(x)	$\cos x$	返回x的余弦函数值，x是弧度值
math.tan(x)	$\tan x$	返回x的正切函数值，x是弧度值
math.asin(x)	$\arcsin x$	返回x的反正弦函数值，x是弧度值
math.acos(x)	$\arccos x$	返回x的反余弦函数值，x是弧度值
math.atan(x)	$\arctan x$	返回x的反正切函数值，x是弧度值
math.atan2(y,x)	$\arctan y/x$	返回y/x的反正切函数值，x是弧度值
math.sinh(x)	$\sinh x$	返回x的双曲正弦函数值
math.cosh(x)	$\cosh x$	返回x的双曲余弦函数值
math.tanh(x)	$\tanh x$	返回x的双曲正切函数值
math.asinh(x)	$\text{arcsinh}\, x$	返回x的反双曲正弦函数值
math.acosh(x)	$\text{arccosh}\, x$	返回x的反双曲余弦函数值
math.atanh(x)	$\text{arctanh}\, x$	返回x的反双曲正切函数值

（5）math库包括4个高等特殊函数，如表2-13所示。

表2-13 高等特殊函数

函数	数学表示	描述
math.erf(x)	$\frac{2}{\sqrt{\pi}}\int_0^x e^{-t^2}dt$	高斯误差函数，应用于概率论、统计学等领域
math.erfc(x)	$\frac{2}{\sqrt{\pi}}\int_x^\infty e^{-t^2}dt$	余补高斯误差函数，math.erfc(x)=1 − math.erf(x)
math.gamma(x)	$\int_0^\infty t^{x-1}e^{-t}dt$	伽马（Gamma）函数，也叫欧拉第二积分函数
math.lgamma(x)	$\ln(\text{gamma}(x))$	伽马函数的自然对数

【例2-9】 编写代码，根据用户输入的半径，求圆的周长和面积并输出。

【程序代码】

```
import math
```

```
r =eval(input('请输入圆的半径：'))
pm=math.pi*r*2
ar=math.pi * r *r
print("圆的周长为",pm,"圆的面积为",ar)
```

【运行结果】

```
请输入圆的半径：5
圆的周长为 31.41592653589793  圆的面积为 78.53981633974483
```

2.4.2 random 库

random 库也需要先通过 import 导入才能使用。下面介绍其中的常用函数。

（1）random()

【例 2-10】 返回随机生成的一个实数，它在[0,1)内。

【程序代码】

```
>>> import random
>>> print("random():",random.random())
```

【运行结果】

```
random(): 0.297225370085492
```

（2）random.uniform(a,b)

【例 2-11】 生成一个指定范围内的随机小数。

【程序代码】

```
>>> import random
>>> print(random.uniform(10,20))
```

【运行结果】

```
14.253788222873649
```

（3）random.randint(a,b)

【例 2-12】 生成一个指定范围内的随机整数。

【程序代码】

```
>>> import random
>>> print(random.randint(10,20))
```

【运行结果】

```
17
```

（4）random.randrange([start],stop[,step])

【例 2-13】 从指定范围内按指定基数递增的集合中获取一个随机数。

【程序代码】

```
>>> import random
>>> print(random.randrange(10,100,2))
```

【运行结果】

```
68
```

2.4.3 日期和时间库

datetime 和 time 是 Python 处理日期和时间的标准库。datetime 库有 4 个重要的类：date 类、time 类、datetime 类及 timedelta 类，分别表示日期对象、时间对象、日期时间对象和时间差对象。

注意，使用 datetime 库和 time 库之前都需要通过 import 导入库。

（1）时间戳

时间戳是指格林尼治时间 1970 年 01 月 01 日 00 时 00 分 00 秒（北京时间 1970 年 01 月 01 日 08 时 00 分 00 秒）起至现在的总秒数。目前 Python 支持的最大时间戳为 32535244799 (3001-01-01 15:59:59)。

Python 的 time 库的函数 time.time()用于获取当前时间戳。

【例 2-14】 使用 time.time()获取当前时间戳。

【程序代码】

```
>>> import time
>>> print(time.time())
```

【运行结果】

```
1635730030.4662375
```

【例 2-15】 格式化输出当前时间。

【程序代码】

```
>>> import time
>>> now = time.strftime("%Y-%m-%d %H:%M:%S")
>>> print('当前时间格式化：{}'.format(now))
```

【运行结果】

```
当前时间格式化：2021-11-01 09:32:35
```

代码中，带“%”的为格式化时间符号，具体含义如下。

%y：两位数的年份（00～99）。

%Y：四位数的年份（000～9999）。

%m：月份（01～12）。

%d：月内的日（01～31）。

%H：24 小时制小时（00～23）。

%I：12 小时制小时（01～12）。

%M：分（00～59）。

%S：秒（00～59）。

（2）时间元组

通过以下两条语句可以得到一个时间元组。

```
import time
t_tuple = time.localtime()
```

有了这个时间元组就可以分别输出元组的元素，包括年、月、日、时、分、秒等时间信息。

【例 2-16】 利用时间元组输出当前时间的详细信息。

【程序代码】

```
import time
t_tuple = time.localtime()
print('当前时间元组：{}'.format(t_tuple))
print('当前年：{}'.format(t_tuple.tm_year))
print('当前月：{}'.format(t_tuple.tm_mon))
```

```
print('当前日：{}'.format(t_tuple.tm_mday))
print('当前时：{}'.format(t_tuple.tm_hour))
print('当前分：{}'.format(t_tuple.tm_min))
print('当前秒：{}'.format(t_tuple.tm_sec))
print('当前周几：{}'.format(t_tuple.tm_wday))
print('当前是一年中第几天：{}'.format(t_tuple.tm_yday))
```

【运行结果】

```
当前时间元组：time.struct_time(tm_year=2021, tm_mon=11, tm_mday=1, tm_hour=9, tm_min=54, tm_sec=45, tm_wday=1, tm_yday=305, tm_isdst=0)
当前年：2021
当前月：11
当前日：1
当前时：9
当前分：54
当前秒：45
当前周几：1
当前是一年中第几天：305
```

（3）日期相关函数

【例 2-17】 使用 datetime 类获取当前日期。

【程序代码】

```
>>> import datetime
>>> today = datetime.date.today()
>>> print(today)
```

【运行结果】

```
2021-11-01
```

【例 2-18】 计算新中国成立到当前日期的天数。

【程序代码】

```
>>> import datetime
>>> today = datetime.date.today() #获取系统的当前时间，本例操作的时间为2021/10/1
>>> a = datetime.date(1949, 10, 1)
>>> print('新中国成立到今天共计{}天。'.format(today.__sub__(a).days))
```

【运行结果】

```
新中国成立到今天共计26298天。
```

2.4.4 jieba 库

1. jieba 库基本介绍

jieba 库是优秀的中文分词第三方库，需要单独下载、安装，在代码中使用 import 导入才能使用。jieba 库提供三种分词模式，通过分词获得单个词语。

jieba 库利用中文词库，确定汉字之间的关联概率，关联概率大的字组成词，形成分词结果。用户也可以添加自定义的词组。

jieba 库的三种分词模式如下。

（1）精确模式：把文本精确地切分开，不存在冗余。

（2）全模式：把文本中所有可能的词都扫描出来，有冗余。

（3）搜索引擎模式：在精确模式基础上，对长词再次切分。

2. jieba 库常用函数

jieba 库常用函数如表 2-14 所示。

表 2-14　jieba 库常用函数

函数	描述
jieba.cut(s)	精确模式，返回一个可迭代的数据类型
jieba.cut(s,cut_all=True)	全模式，返回文本 s 中所有可能的词
jieba.cut_for_search(s)	搜索引擎模式，返回适合搜索引擎建立索引的分词结果
jieba.lcut(s)	精确模式，返回一个列表
jieba.lcut(s,cut_all=True)	全模式，返回一个列表
jieba.lcut_for_search(s)	搜索引擎模式，返回一个列表
jieba.add_word(w)	在分词词典中增加新词 w

【例 2-19】使用 jieba 库的 lcut()函数对“神舟十三号，为中国载人航天工程发射的第十三艘飞船，是中国空间站关键技术验证阶段第六次飞行。”进行词语切分。

【程序代码】

```
>>> import jieba
>>> jieba.lcut("神舟十三号，为中国载人航天工程发射的第十三艘飞船，是中国空间站关键技术验证阶段第六次飞行。")
>>> jieba.lcut("神舟十三号，为中国载人航天工程发射的第十三艘飞船，是中国空间站关键技术验证阶段第六次飞行。", cut_all=True)
>>> jieba.lcut_for_search("神舟十三号，为中国载人航天工程发射的第十三艘飞船，是中国空间站关键技术验证阶段第六次飞行。")
```

【运行结果】

```
['神舟', '十三号', '，', '为', '中国', '载人', '航天', '工程', '发射', '的', '第十三', '艘', '飞船', '，', '是', '中国', '空间站', '关键技术', '验证', '阶段', '第六次', '飞行', '。']
['神舟', '十三', '十三号', '三号', '，', '为', '中国', '载人', '航天', '天工', '工程', '发射', '的', '第十', '第十三', '十三', '十三艘', '三艘', '飞船', '，', '是', '中国', '空间', '空间站', '关键', '关键技术', '技术', '验证', '阶段', '第六', '第六次', '六次', '飞行', '。']
['神舟', '十三', '三号', '十三号', '，', '为', '中国', '载人', '航天', '工程', '发射', '的', '第十', '十三', '第十三', '艘', '飞船', '，', '是', '中国', '空间', '空间站', '关键', '技术', '关键技术', '验证', '阶段', '第六', '六次', '第六次', '飞行', '。']
```

2.5　Python 的代码规范

开发人员进行程序设计时，必须保证程序代码符合语言的书写规范。规范的代码会给软件的升级、修改、维护带来极大的方便，也能避免程序员陷入“代码泥潭”。Python 代码在编写时有以下规范。

2.5.1　缩进

Python 采用严格的“缩进”来表明程序框架。缩进指每一行代码开始前的空白区域，用来表示代码之间的包含和层次关系。不需要缩进的代码顶格编写，不留空白。在代码编写中，缩进可以用 Tab 键实现，也可以用多个空格（一般是 4 个空格）实现，但两者不混用。

缩进是 Python 表明程序框架的唯一手段，用于维护代码结构的可读性，清晰地表明代码关系。

代码的缩进分为单层缩进和嵌套缩进。

（1）单层缩进

如下代码中的缩进方式就是单层缩进，表示语句“y=0”包含于“if x < 10:”中。

```
if x < 10:
    y = 0
```

（2）嵌套缩进

如下代码中的缩进方式就是嵌套缩进，第二个 if 语句包含在第一个 if 语句中。Python 对语句之间的层次关系没有限制，可以“无限”嵌套使用。

```
if x < 15:
    if x < 10:
        y = 0
```

2.5.2 注释

注释是程序员在代码中加入的一行或多行信息，用来对语句、函数、数据结构或方法等进行说明，提升代码的可读性。注释是辅助性文字，会被编译器或解释器略去，不被计算机执行。

Python 有两种注释方法：单行注释和多行注释。单行注释以#开头，多行注释以'''（三引号）开头和结尾。举例如下。

```
#这是单行注释，单行注释可以独占一行
print (25**0.5)     #计算 25 的平方根，单行注释也可以写在被注释语句后
'''
print (25**0.5) 写在三引号之内的语句都是注释
这行也是注释
'''
```

注释主要有 3 个用途。第一，标明作者和版权信息。在每个源代码文件开头处增加注释，标记编写代码的作者、日期、用途、版权声明等，可以采用单行或多行注释。第二，解释代码原理或用途。在程序关键代码附近增加注释，解释关键代码作用，提升程序的可读性。为了不影响程序阅读连贯性，程序中的注释一般采用单行注释，与关键代码同行。第三，辅助程序调试。在调试程序时，可以通过单行或多行注释临时“去掉”一行或连续多行与当前调试无关的代码，以便程序员查找程序发生问题的可能位置。

2.5.3 其他规范

编写 Python 代码的其他规范如下。

（1）运算量和运算符之间加适当的空格。

（2）相对独立的程序块之间加空行。

（3）较长的语句、表达式等要分成多行书写。

（4）尽量一行只写一条语句。

（5）在必要的地方注释，注释量要适中。

（6）为简单功能编写函数。

2.6　本章小结

本章主要讲解 Python 的数据类型、常量与变量、运算符与表达式、常用库函数，以及 Python 的代码规范。

Python 的基本数据类型包括整型、浮点型、复数型、布尔型。

常量是程序执行过程中不发生改变的量。变量是指向数据存储空间的符号，通过对这个符号的引用可以使用存储空间中的数据。在定义变量和选择其他标识符时，做到“见名知意”的同时还应符合命名规范。

Python 的算术运算符、关系运算符、逻辑运算符、位运算符、赋值运算符分优先级，可以通过括号来改变执行顺序。

Python 的四个常用库为 math 库、random 库、日期和时间库、jieba 库。

习题 2

一、选择题

1. 下面代码的输出结果是（　　）。

```
x = 12.34
print(type(x))
```

A. <class 'complex'>　B. <class 'bool'>　C. <class 'int'>　D. <class 'float'>

2. 下面代码的输出结果是（　　）。

```
x = 0o1010
print(x)
```

A. 10　B. 32768　C. 1024　D. 520

3. 关于 Python 的数值类型，以下选项中描述错误的是（　　）。

A. Python 语言提供 int、float、complex 等数值类型

B. Python 整型提供了 4 种进制表示：十进制、二进制、八进制和十六进制

C. Python 语言中，复数型中实数部分和虚数部分的数值都是浮点型，虚数部分通过后缀“C”或“c”来标识

D. Python 语言要求所有浮点型至少带有小数点

4. 下面代码的输出结果是（　　）。

```
x=10
y=-1+2j
print(x+y)
```

A. 9　B. 2j　C. 11　D. (9+2j)

5. 以下选项中符合 Python 语言变量命名规则的是（　　）。

A. Templist　B. 3_1　C. AI!　D. *i

6. 下面的代码执行后 x 的值是（　　）。

```
x = 2
x *= 3 + 5**2
```

A. 13　B. 8192　C. 15　D. 56

7. 以下选项中，输出结果是 False 的是（　　）。

A. >>> 5 is 5　　B. >>> 5 != 4　　C. >>> False != 0　　D. >>> 5 is not 4

8. 以下选项中，Python 语言中代码注释使用的符号是（　　）。

A. #　　B. /*… …*/　　C. !　　D. //

9. 如果当前时间是 2021 年 11 月 1 日 15 点 05 分 18 秒，则下面代码的输出结果是（　　）。

```
>>> import time
>>> print(time.strftime("%Y=%m-%d@%H>%M>%S"))
```

A. 2021=11-1@15>5>18　　B. True@True

C. 2021=11-01@15>05>18　　D. 2021=11-1 15>05>18

10. 以下选项中是 Python 中文分词第三方库的是（　　）。

A. turtle　　B. itchat　　C. time　　D. jieba

二、填空题

1. −77.的科学记数法表示是（　　）。

2. 4.3e−3 对应的十进制数是（　　）。

3. 表达式 3*4**2/8%5 的值为（　　）。

三、程序设计题

1. 用代码输出 2.3e+3−1.34e−3j 的实数部分和虚数部分。

2. 编写程序，将输入的秒数转化成由小时数、分钟数和秒数构成的时间输出。

3. 编写程序，输入一个三位数放入变量 x，求出该数的个位数、十位数和百位数，分别放入变量 g、s、b 并输出。

第 3 章

程序控制结构

第 2 章介绍了构成程序的数据、运算、传输和控制这 4 种元素的前两个，本章将对传输和控制进行介绍。传输用于将待处理的数据输入计算机和将处理好的数据输出，控制用于决定代码的执行流向。

3.1 程序设计基础

计算机程序由多行代码组成，这些代码是按照一定的结构来组织的。这些结构称为程序控制结构，用来控制语句的执行顺序。Python 有 3 种基本程序控制结构：顺序结构、选择结构和循环结构。这些结构都有一个入口和一个出口。Python 程序由这 3 种结构组合而成。

（1）顺序结构是最简单的一种结构，计算机在执行顺序结构的程序时，按照书写代码的先后次序，自上而下逐条执行，中间没有跳跃和重复，如图 3-1 所示。

（2）选择结构（也称为分支结构）的程序根据条件判断结果来选择不同的执行路径，如图 3-2 所示。根据分支路径的完备性，选择结构包括单分支结构和双分支结构，双分支结构组合形成多分支结构。

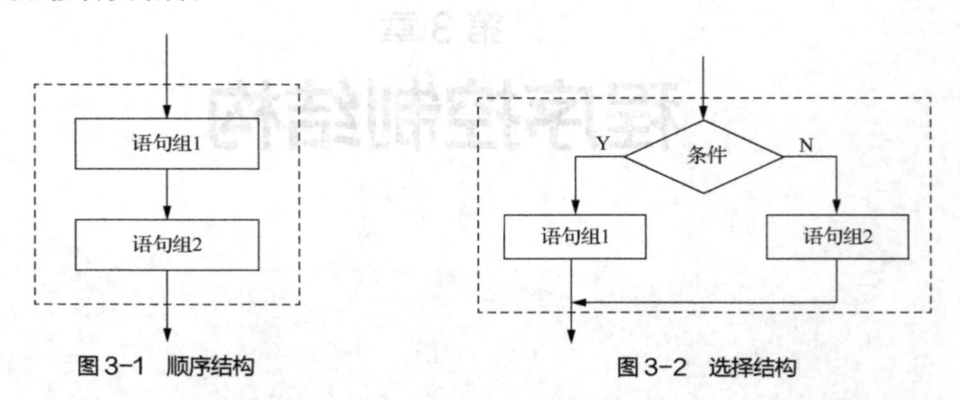

图 3-1 顺序结构　　图 3-2 选择结构

（3）循环结构是让计算机重复执行某些语句的结构。在循环结构中，也存在一个条件。计算机执行到循环结构时，会根据条件是否满足来判断是否需要重复执行某些语句；执行完一次那些语句以后，再对条件进行判断，看是否需要再一次重复执行那些语句；如果不需要就退出循环结构，如图 3-3 所示。

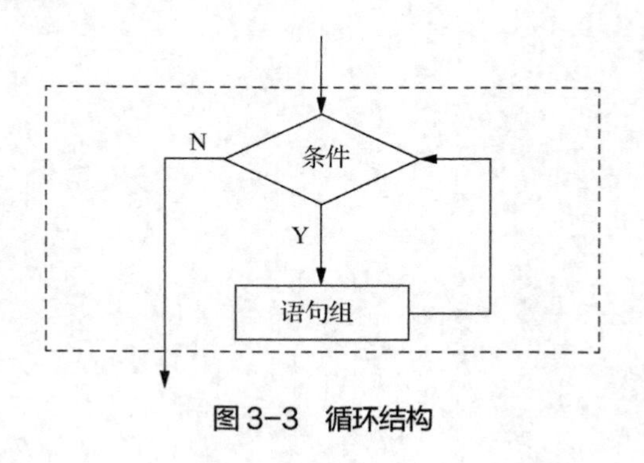

图 3-3 循环结构

3.2 顺序结构

输入和输出都是以计算机主机作为主体。从计算机向外部设备（如显示器、打印机等）输送数据称为输出，从外部设备（如键盘、鼠标等）向计算机输送数据称为输入。

Python 通过 print()和 input()两个函数完成输出和输入功能。

3.2.1 print()函数

print()函数的作用是向终端（或系统隐性指定的输出设备）输出若干个任意类型的数据。

（1）print()函数的格式

【语法格式】

```
print(输出项1[,输出项2[,…]]
```

（2）print()函数的功能

① 输出常量信息。如果希望输出常量，就将常量写在输出项的位置，直接输出该常量的值。

② 输出变量的值。如果希望输出变量，就将变量名写在输出项的位置，输出执行运算后该变量的值。

③ 输出表达式的值。如果希望计算并输出表达式的值，就在输出项的位置书写表达式，输出该表达式计算的结果。

④ 输出多项内容。用“,”隔开多个输出项，即可输出多项内容。

（3）end 参数

每个 print()函数输出的内容占一行，这是由于 print()函数的结束位置默认有一个换行符。如果在此处需要输出其他字符而非换行符，则可以通过 end 参数来调整输出内容。这时该行结尾的字符为 end 后面的内容。如果 end 后面的内容为空，那么下一个 print()函数接着这行内容输出。

【语法格式】

```
print(输出项1[,输出项2[,…], end = '其他字符']
```

【例 3-1】给变量 x 和 y 分别赋值，分别使用加法、减法、乘法和除法编写四个表达式，计算结果直接使用 print 语句输出。

【程序代码】

```
x = 5
y = 8
print(x+y)
print(x*y,x/y)
print(x, '-', y,'=', x-y)
```

第一个 print()函数只输出了 1 项内容，即表达式“x+y”的值。第二个 print()函数输出了两个表达式的值。第三个 print()函数输出了 5 项内容，包括变量 x 和 y、常量“-”和“=”，以及表达式“x-y”。其中变量 x 和 y 输出为“5”和“8”，常量“-”和“=”原样输出，表达式“x-y”输出为“-3”。

程序运行结果如图 3-4 所示。

```
13
40 0.625
5 - 8 = -3
```

图 3-4 程序运行结果

3.2.2 input()函数

input()函数的功能是从键盘获取数据，然后保存到指定的变量中。input()函数获取的数据都以字符串的形式输入，即使通过键盘输入的是数字，input()函数得到的也是字符串。如果希望把键盘输入的数据转为数值类型，那么可以在使用 input()函数时搭配 eval()函数。eval()

函数的功能是将字符串的引号去掉，然后对引号中的表达式进行解析和计算。正因为 eval()函数有这样的功能，所以通常用 eval()函数配合 input()函数来将输入的数据转换成数值类型，方便后续程序使用。

（1）input()函数的格式

【语法格式】

```
<变量> = input(<提示性文字>)
```

（2）eval()函数的格式

【语法格式】

```
<变量> = eval(表达式)
```

【例 3-2】 编写一个人民币与输入币种的兑换计算程序，根据用户输入的币种、汇率和待兑换人民币数量，实现人民币与其他币种的兑换计算。

【程序代码】

```
curname=input('你的现有货币是：')
print('请输入',curname,'兑换人民币的汇率：',end='')
rate=eval(input())
amount=eval(input('请输入你需要兑换人民币的数量：'))
print(amount/rate,curname,'可以兑换',amount,'人民币')
```

程序运行结果如图 3-5 所示。

```
你的现有货币是：美元
请输入 美元 兑换人民币的汇率：6.4556
请输入你需要兑换人民币的数量：1000
154.9042691616581 美元 可以兑换 1000 人民币
```

图 3-5 程序运行结果

3.3 选择结构

Python 程序中的语句默认按照书写顺序依次执行，也就是前面提到的顺序结构。但是，仅有顺序结构肯定是不够的，当我们需要根据某个条件来选择性地执行某些语句时，就要用到程序控制结构中的选择结构。

3.3.1 选择结构的用途

选择结构通过一个或多个条件的计算结果（True 或者 False）选择性执行备选语句块。选择结构可以分为单分支结构、双分支结构和多分支结构。

（1）单分支结构

该结构中只有一个条件，功能是当条件成立（True）时执行某语句块，当条件不成立（False）时直接跳过这个分支结构。单分支结构如图 3-6 所示。

（2）双分支结构

该结构中只有一个条件，功能是当条件成立（True）时执行语句块 1，当条件不成立（False）时执行语句块 2。双分支结构如图 3-7 所示。

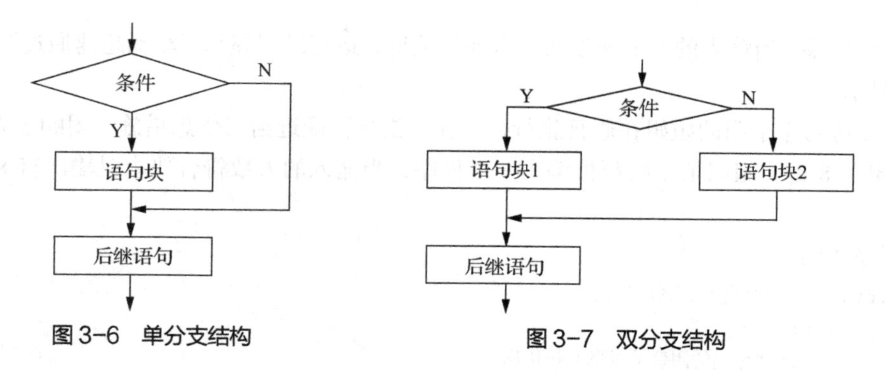

图 3-6 单分支结构

图 3-7 双分支结构

（3）多分支结构

该结构中有多个条件，每个条件对应一个语句块。其功能是根据给定的条件成立与否，从多个方案中选择某一个方案来执行。多分支结构如图 3-8 所示。

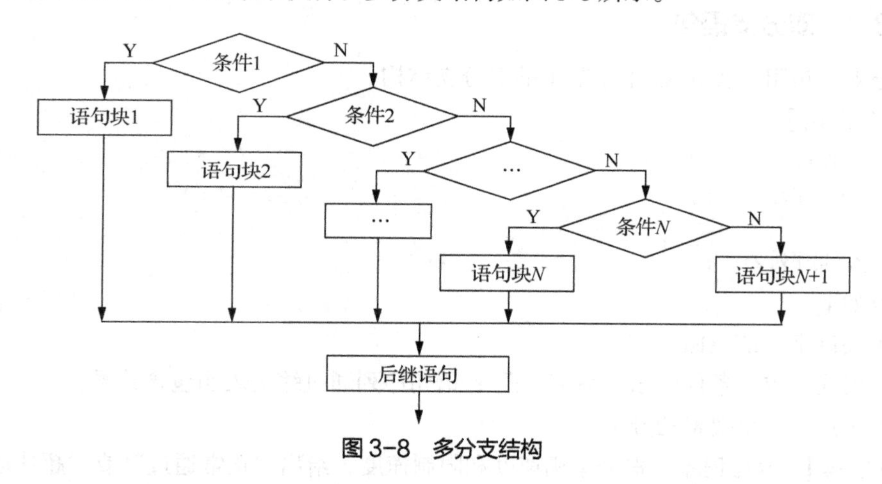

图 3-8 多分支结构

3.3.2 单分支语句

单分支语句用于实现 3.3.1 小节中的单分支结构。

【语法格式】

```
if <条件>:
<语句序列>
```

要点如下。

（1）关键字：if。

（2）格式要求：条件后带“:”；语句序列通过缩进表明包含关系。

（3）重点：对条件为“真”和为“假”的语句组的分析。

【例 3-3】 编写程序，实现交通监控器根据输入的车辆速度和限制速度对车辆是否超速进行判断。

【程序代码】

```
s=eval(input("车辆速度为: "))
ls=eval(input("限制速度为: "))
if s>=ls:
    print("车辆",'超速通过')
```

【运行结果】当输入的车辆速度大于限制速度时，运行结果显示“车辆超速通过”；否则，程序无显示。

【扩展练习】小明的姐姐在假日旅行社工作，旅行社最近给出优惠措施：团购 5 人（及以上），团费 8 折。姐姐请小明帮忙编写一个程序，当输入的人数符合要求时输出有 8 折优惠的信息。

【程序代码】

```
p=int(input("请输入人数: "))
if p >= 5:
        print("你们的团费可以享 8 折优惠")
```

【运行结果】当输入人数大于等于 5 时，运行结果显示“你们的团费可以享 8 折优惠”；否则，程序无显示。

3.3.3 双分支语句

双分支语句用于实现 3.3.1 小节中的双分支结构。

【语法格式】

```
if  <条件>:
     <语句序列 1>
else:
     <语句序列 2>
```

要点如下。

（1）关键字：if，else。

（2）格式要求：条件或 else 后带“:”；语句序列通过缩进表明包含关系。

（3）重点：三个要素的分析。

【例 3-4】 编写程序，根据车辆速度和限制速度，给出“正常通过”或“超速通过”的提示。

【程序代码】

```
s=eval(input("车辆速度为: "))
ls=eval(input("限制速度为: "))
if s>=ls:
      m='超速通过'
else:
      m='正常通过'
print("车辆",m)
```

【运行结果】当输入的车辆速度大于限制速度时，运行结果显示“超速通过”；否则，运行结果显示“正常通过”。

【扩展练习】小明的姐姐在假日旅行社工作，旅行社最近给出优惠措施：团购 5 人（及以上），团费 8 折。姐姐请小明帮忙，编写一个可以根据输入的人数和团费计算实际支付费用的程序。

【程序代码】

```
p=int(input("请输入人数: "))
c=eval(input("请输入团费: "))
if p >= 5:
```

```
        d = 0.8
else:
        d = 1
print("总费用为: ", p*c*d)
```

【运行结果】当输入人数大于等于 5 时，输出结果为总费用乘以 0.8；否则，输出结果为总费用。

3.3.4　多分支语句

多分支语句用于实现 3.3.1 小节中的多分支结构。

【语法格式】

```
if <条件 1>:
    <语句序列 1>
elif <条件 2>:
    <语句序列 2>
...
else:
    <语句序列 N>
```

要点如下。

（1）关键字：if，elif，else。

（2）格式要求：条件或 else 后带“:”；语句序列通过缩进表明包含关系。

（3）重点：多个条件的表示（各个条件的完整性与互斥性）。

（4）执行流程：依次测试条件，当条件成立，执行相应的语句，执行语句后跳出分支语句，执行后续语句，不再测试其他条件；如果所有条件都不成立，则执行 else 对应的语句；如果没有 else 分支，就直接执行后续语句。

【例 3-5】 小明学习交规时了解到，车辆超速情况不同，处罚是不同的，针对不同限速路段，也有不同的超速处罚规定。例如，在限制速度为 50km/h 的道路上，规定如下。

① 时速超过限制速度 10%不到 20%的，处 50 元罚款。

② 时速超过限制速度 20%不到 50%的，处 100 元罚款。

③ 时速超过限制速度 50%不到 70%的，处 300 元罚款。

④ 时速超过限制速度 70%的，处 500 元罚款。

小明想根据车辆速度和当前路段的限速情况来判定车辆处罚情况，代码应该如何编写呢?

【解析过程】确定多分支结构中的条件数量时，可先分析有几种不同的判定结果，条件数量为结果数量-1；划分不同条件时，可通过“集合”确保各条件的完整性及条件之间的互斥性，如图 3-9 所示。

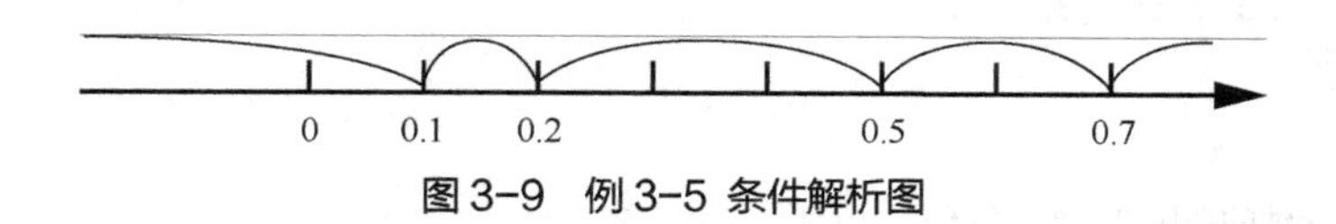

图 3-9　例 3-5 条件解析图

【程序代码】

```
s=int(input("车辆速度为: "))
ls=50 #限制速度为 50km/h
r=(s-ls)/ls
```

```
    if r<=0.1:
        msg='正常通过'
    elif 0.1<r<=0.2:
        msg = "处 50 元罚款"
    elif 0.2<r<=0.5:
        msg = "处 100 元罚款"
    elif 0.5<r<=0.7:
        msg = "处 300 元罚款"
    else:
        msg = "处 500 元罚款"
    print("车辆",msg)
```

【运行结果】在输入车辆速度后，计算变量 r 的值并对其进行判断，根据 r 值得出不同的结果存放在变量 msg 中并输出。

【扩展练习】小明的姐姐在假日旅行社工作，旅行社为了争取更多的游客，给出优惠措施如下。

① 团购 5 人以上（含 5 人），旅游费用 8 折。

② 如果在淡季出行（3 月、6 月、9 月、11 月），旅游费用 8 折。

③ 同时符合上述条件，旅行费用享折上折。

姐姐请小明帮忙编写程序，根据顾客人数和出行月份计算折扣信息。

【解析过程】该题目有 4 种判定结果，如图 3-10 所示。因此，这里需要确定 3 个条件：团购 5 人以上（含 5 人），旅游费用 8 折；如果在淡季出行（3 月、6 月、9 月、11 月），旅游费用 8 折；同时符合上述条件，旅行费用享折上折。如果这 3 个条件都不满足，则是“没有折扣”的第 4 种判定结果。

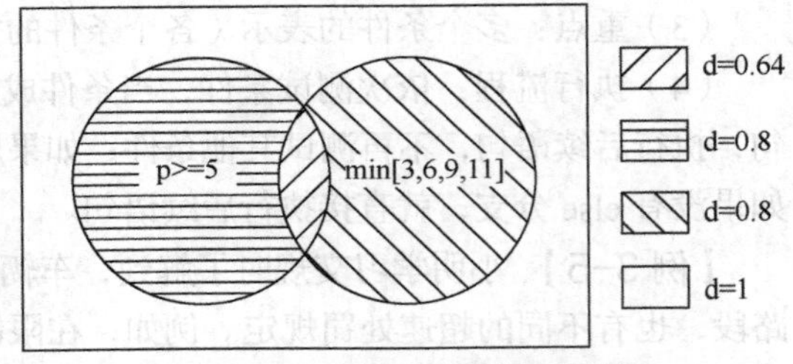

图 3-10 扩展练习条件解析图

【程序代码】

```
p=int(input("请输入人数: "))
m=int(input("请输入出行月份: "))
t=eval(input('请输入费用: '))
# p>=5,m in [3,6,9,11]
if p>=5 and not(m in [3,6,9,11]):
    d=0.8
elif(not(p>=5) and m in [3,6,9,11]):
    d=0.8
elif p>=5 and m in [3,6,9,11]:
    d=0.64
else:
    d=1
print("需交纳的费用是: ",d*t*p, '元')
```

【运行结果】程序对输入的人数变量 p 和月份变量 m 的取值进行判断，满足人数大于等于 5 人并且月份为非淡季时，折扣变量 d 等于 0.8；满足人数不大于等于 5 人并且月份为淡季时，折扣变量 d 等于 0.8；同时满足人数大于等于 5 人并且月份为淡季时，折扣变量 d 等于 0.64；否则折扣变量 d 等于 1。最后利用表达式“d*t*p”计算费用并输出。

3.4　循环结构

循环结构是控制程序运行的一类重要结构，与选择结构控制程序执行类似，它的作用是根据某个条件控制一段语句被重复执行的次数。

3.4.1　循环概念及应用场景

循环结构是根据某个条件控制某段语句反复执行的程序控制结构，控制流程如图 3-11 所示。可以看出，图中存在区别于顺序结构和选择结构的回流流程线。若要重复执行相关代码，就需要这条流程线，而这种在程序中安排重复执行一组指令（或一个程序块）的操作就称为循环操作。

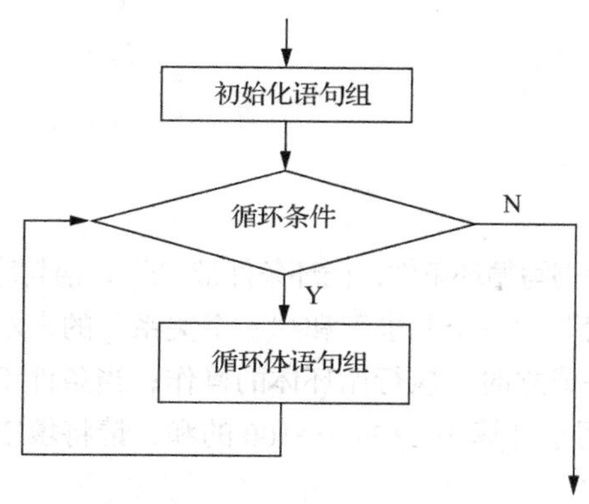

图 3-11　循环结构控制流程

3.4.2　循环结构的构造

1. 循环结构的“三个要素”

循环结构可划分为三个部分。一是重复执行的程序块或语句组，称为循环体。二是循环条件，用于控制程序流程是继续进入循环体，还是退出循环体终止循环操作。三是循环体内的变量，这些变量的初值需要在循环开始前设定，这就是循环的初始化。我们又将这三个部分称为构建循环结构的“三个要素”。

（1）设计循环体：将需要被重复执行的语句放入循环体。

（2）设置循环条件：采用“计数”或“设置条件”等方法。在这里控制循环的变量称为循环变量。

（3）初始化：对循环中要使用的变量赋初值。

因此，在面对实际问题时，要弄清楚循环体是什么，怎么控制循环体执行的次数，存在哪些初始化工作。

2. 循环结构的“一个要求”

循环条件中通常有这样一个变量，这个变量的值一开始是符合条件要求的，但是当循环不断执行时，这个变量的值也不断变化，最终这个变量的值将不再满足条件要求，这个时候循环结束。这个控制循环执行或结束的变量称为循环变量。为了防止进入无限循环，这里必须对循环变量有“一个要求”：循环变量必须在循环体内变化。只有满足了这个要求，循环变量才能逐渐逼近循环条件的临界值，最终控制循环结束。

3. 循环结构的“一个关系”

在循环体中可能出现另一些变化的量，我们的解决方法就是去找这些变化的量与循环变量之间的关系，这就是循环结构中的“一个关系”。也就是说，利用循环变量在循环过程中不断变化这个基础，找出变化的量与循环变量之间的演变关系，来确定变化的量。

3.4.3 循环语句

1. while 语句

构造出循环结构之后，如何将其转换为可以执行的语句呢？在这里我们可以用到的第一种循环语句就是 while 语句。

【语法格式】

```
while 循环条件:
循环体
```

要点如下。

（1）关键字：while。

（2）格式要求：while 后书写循环条件；循环条件带“:”；语句序列通过缩进表明包含关系。

（3）重点：“三个要素”“一个要求”和“一个关系”的表示。

（4）执行流程：当条件成立时，执行循环体的操作；当条件不成立时，退出循环。

【例 3-6】 下面程序用于计算 1+2+3+…+100 的和，请将填空处补充完整。

```
[填空 1]
[填空 2]
while  [填空 3]:
        [填空 4]
        [填空 5]
print("1+2+3+…+100=",s)
```

【解析过程】题目的流程图如图 3-12 所示。

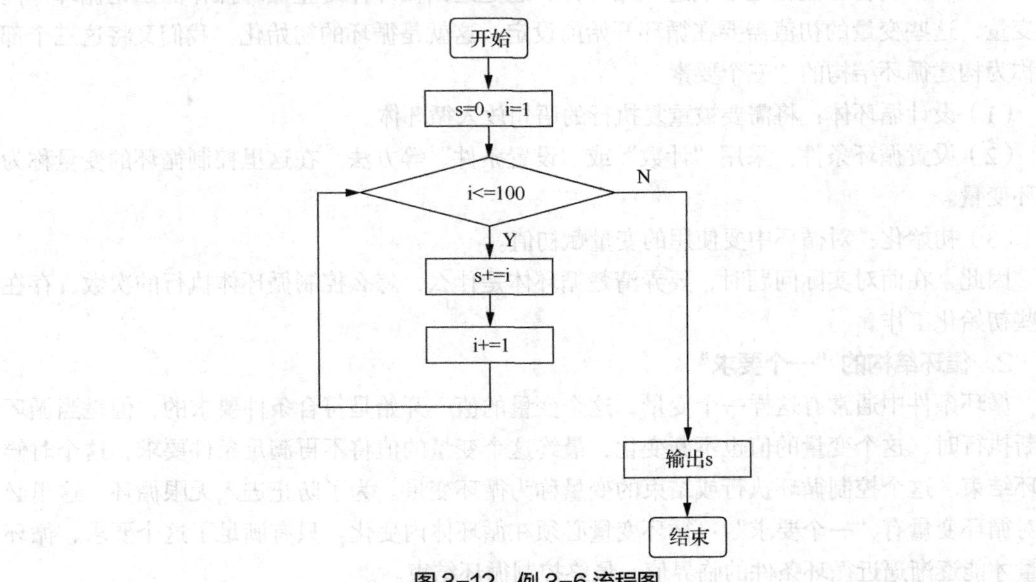

图 3-12 例 3-6 流程图

①“三个要素”。首先，分析出这里需要重复做的工作是加法，因此，将语句“s=s+?”放入[填空 4]（填写在循环体部分）；其次，这里做加法的次数是 100 次，因此，循环条件为次数小于等于 100，将“i<=100”放入[填空 3]；最后，题目中要用到两个变量 s 和 i，其中用于存放总和的 s 的初值应该为 0，用于计数的 i 的初值应该为 1，将其分别放入[填空 1]和[填空 2]。

②“一个要求”。如果仅仅做完以上工作，程序中的 i 的值永远是 1，不会变化，因此，这里还有完善循环结构的“一个要求”。i 的值必须变化，从题目中得知，i 的值应该每次增加 1，因此将语句“i=i+1”放入[填空 5]。

③“一个关系”。我们虽然完成了填空，但是，其中还有一个“?”需要我们解决。这里存在“?”是因为我们每次做加法时，加数是不同的。该如何确定这个加数呢？当次数 i 为 1 时，加数为 1；当次数 i 为 2 时，加数为 2；当次数 i 为 3 时，加数为 3；……；当次数 i 为 100 时，加数为 100。这个在循环体内不断变化的量刚好等于循环变量，因此，这里“?”就用 i 来替代，将语句“s=s+i”填入[填空 4]。

【程序代码】

```
s=0
i=1
while i<=100:
    s=s+i
    i+=1
print("1+2+3+…+100=",s)
```

【运行结果】

```
1+2+3+…+100=5050
```

【例 3-7】 网贷无疑是“互联网+金融”的新兴产物。黑心网贷利用网贷平台门槛低的特点，吸引民众，特别是辨别能力不强的青少年误入歧途，而高利息让这些人越套越深，最后不仅造成了个人的悲剧，甚至造成整个家庭的悲剧。网络上就曾经报道过一则新闻，一个大学生看中了一款 8000 多元的手机，但是家里面没有这个预算。他在上网时看到有一种号称是“校园贷”的网络贷款，如果贷款 10000 元，约定 8 个月的偿还期限，日利率为 0.8%。请编写程序计算 8 个月后需偿还的本金和利息总额。

【解析过程】根据循环结构分析得出流程图，如图 3-13 所示。

①“三个要素”。题目需要重复执行“本金+利息”的计算，将语句“capital*=(1+interest)”放入循环体；按日利率计算，需要重复的条件为“d<=240”；在循环体和条件中用到了三个变量，这三个变量的初值分别为“capital=10000”“interest=0.008”和“d=1”，将其填写到初始化部分。

②“一个要求”。题目中天数 d 是循环变量，天数需要每次增加 1，因此将语句“d=d+1”放入循环体。

③“一个关系”。循环体中的变量只有 capital，但是这个变量是固定的，因此不需要设定关系。

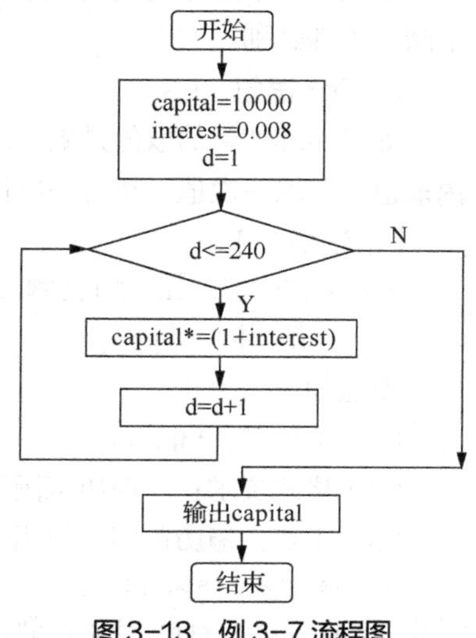

图 3-13　例 3-7 流程图

【程序代码】

```
capital=10000
interest=0.008
d=1
while d<=240:
    capital = capital * (1 + interest)
    d+=1
print(capital)
```

【运行结果】

```
67690.49754200965
```

由此可以看出这种所谓的“校园贷”有多么可怕，10000 元仅仅贷款 8 个月的时间，就需要偿还 67690 元。

【扩展练习】在例 3-7 的基础上，如果贷款 10000 元，日利率 0.8%，多少天后还款金额将会达到 100000 元？

【解析过程】与例 3-7 比较发现，扩展练习中除了控制循环的条件发生了变化，其他内容相同。分析“多少天后还款金额将会达到 100000 元”，表达的意思是当还款金额达到 100000 元时就结束循环，但循环条件表示的是满足条件进入循环，因此，在例 3-7 的基础上将“三个要素”中的“循环条件”改为“capital<=100000”。

【程序代码】

```
capital=10000
interest=0.008
t=1
while capital<=100000:
    capital = capital * (1 + interest)
    t+=1
print(t)
```

【运行结果】

```
289
```

通过计算可知，仅仅 289 天，不到 10 个月，贷款 10000 元就需要偿还 100000 元。

由例 3-7 和扩展练习可以看出，一些网络贷款背后暗藏了巨大陷阱。对此，我们应擦亮眼睛，理性甄别。

2. for 语句

如果循环变量的取值是确定的，就可以使用 for 语句。for 循环中，循环变量在遍历范围内取值，每取一次值，执行一次循环体，遍历完成，循环结束。

【语法格式】

```
for <循环变量> in <遍历范围>:
    循环体
```

要点如下。

（1）关键字：for，in。

（2）格式要求：“遍历范围”；语句序列通过缩进表明包含关系。

（3）重点：遍历范围。使用 range()函数产生整数序列，形成遍历范围。

```
range(start,stop,step)
```

其中，start 表示从 start 开始计数，默认从 0 开始；stop 表示到 stop 结束序列，序列不包含 stop；

step 表示序列值每次的增量。例如，range(10)等价于 range(0,10,1)，产生的整数序列为(0,1,2,3,4,5,6,7,8,9)；range(2,10,3)产生的序列为(2,5,8)。

（4）执行流程：当循环变量在遍历范围内取值时，执行循环体的操作；遍历完成，退出循环。

【例 3-8】 设计程序，用 for 语句计算 s=1+2+3+…+100。

【解析过程】

①“三个要素”。“s=s+?”依然是循环体部分，将其放入 for 语句内部；“s=0”作为初始化语句；循环变量 i 的取值范围是(1,2,…,10)，因此用 range(1,11)产生遍历范围。

②“一个要求”。按照先前的说法，在代码中应该出现“i=i+1”，但是，由于 for 语句中 i 通过遍历来实现改变，因此在 for 语句中不再需要单独的改变循环变量的语句。

③“一个关系”。将语句“s=s+?”中变化的量按照前面分析的结果替换为“i”。

【程序代码】

```
s=0
for i in range(1,101):
        s = s + i
print("1+2+3+…+100=",s)
```

【运行结果】

```
1+2+3+…+100=5050
```

【例 3-9】 将例 3-7 的代码用 for 语句改写循环部分。

从 while 语句和 for 语句表示循环结构的区别来分析。首先是初始化部分，由于 d 是循环变量，在遍历范围(1,240)内取值，因此取消初始化语句“d=1”；然后，d 通过遍历来实现改变，因此取消初始化语句“d=d+1”。

【程序代码】

```
capital=10000
interest=0.008
for d in range(1,241):
    capital = capital * (1 + interest)
print(capital)
```

【运行结果】运行结果与例 3-7 相同。

```
67690.49754200965
```

【例 3-10】 求 π 的近似值。

【方法一】蒙特卡洛方法计算圆周率。蒙特卡洛方法（Monte Carlo Method），也称统计模拟方法，是 20 世纪 40 年代中期由于科学技术的发展和电子计算机的发明而被提出，以概率统计理论为指导的一类非常重要的数值计算方法。蒙特卡洛方法计算圆周率比较简单，其思想是假设向一个正方形的标靶上随机投掷飞镖，靶心在正中央，标靶的长和宽都是 2；同时假设正方形内部有一个与之相切的圆，圆的半径是 1，面积为 π，如图 3-14 所示。假设“飞镖”点均匀分布，那么圆内点的数量与正方形内点的数量之比等于 π/4，因此，将这个比值乘以 4，就可计算 π 值。

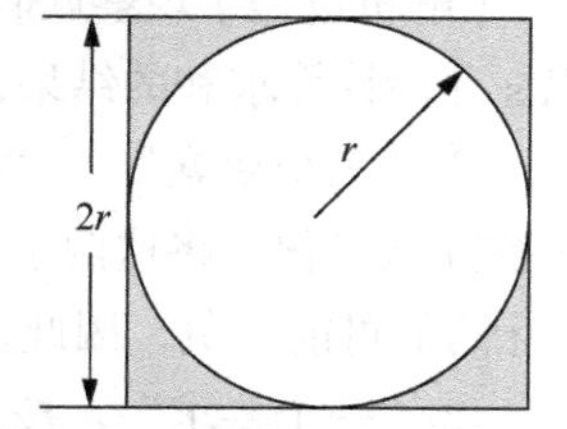

图 3-14　单位正方形和内切圆

【解析过程】当“飞镖”点数量足够多时，可以认为“飞镖”点均衡覆盖整个正方形和圆，因此圆内点的数量和正方形内点的数量的比值与圆的面积和正方形的面积的比值相同，即“圆内的点数/总点数=π/4”。在“飞镖”点总数已知的情况下，只需要计算出圆内的点数即可求到π值，因此题目转换为计算圆内点的数量。因为需要重复判断每个点是否在圆内，所以使用循环结构。假设“飞镖”点数量为10000个，循环结构流程图如图3-15所示。

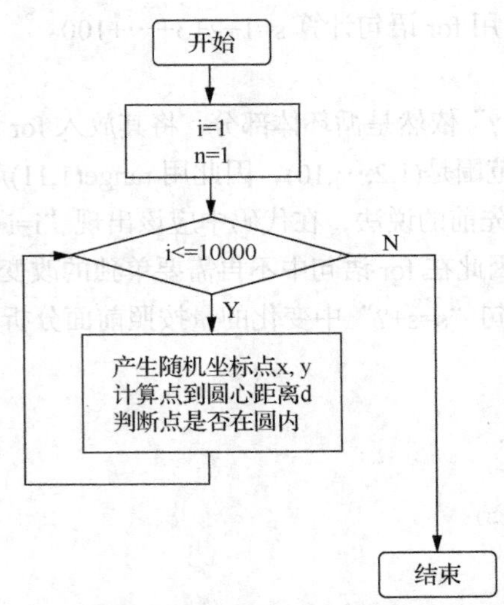

图3-15　例3-10方法一流程图

【程序代码】由于循环次数的取值范围已知，因此选取for语句编写代码。

```
import random
import math
n = 0
for i in range(1,10001):
      x=random.random()
      y=random.random()
      d=math.sqrt(x*x+y**2)
      if d<=1:
            n+=1
pi = 4 * (n/10000)
print("Pi 值是{}.".format(pi))
```

使用10000个“飞镖”点求出的Pi值是3.1084。我们看到，这个π值并不精确。那么，怎样可以使π的值更精确？随机点数量越大，越充分覆盖整个图形，计算得到的π值越精确。当i=10000000时，π值是3.1412528。当然，我们还可以计算出更精确的值，这个就留给读者们去试试看了。

【方法二】使用近似公式求π：$\frac{\pi}{4}=1-\frac{1}{3}+\frac{1}{5}-\frac{1}{7}+\cdots$，直到末项小于$10^{-5}$时停止计算。

【解析过程】观察近似公式可看出，题目需要重复执行计算操作，因此需要构建循环结构。以s存储计算求和的结果，t存储每一项的值，i存储循环次数。

①“三个要素”。“s=s+t”“t=?*(1/?)”，第一个“?”代表符号变化，第二个“?”代表被除数变化，将这两条语句放入循环体。“i=1”“s=0”“t=1”作为初始化语句。这里由于t的值可能为负，因此循环条件为“abs(t)>=10**(−5)”。

②“一个要求”。按照先前的说法，在代码中的循环变量必须改变，这里t是循环变量，它的改变依赖i值的变化，因此将语句“i=i+1”放入循环体。

③“一个关系”。分析语句“t=?*(1/?)”中变化的符号和被除数与变量 i 的关系，找出符号为“(−1)**(i+1)”，被除数为“(2*i)”的规律，最终得出“t=(−1)**(i+1)*1/(2*i)”。

分析结果如图 3-16 所示。

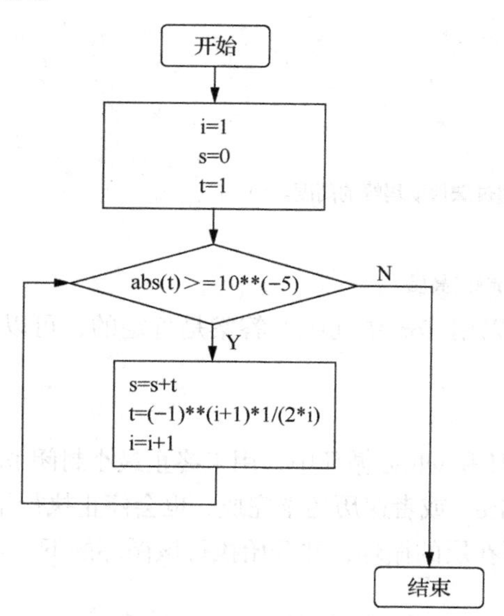

图 3−16 例 3−10 方法二流程图

【程序代码】由于循环次数的取值范围未知，因此选取 while 语句编写代码。

```
s=0
i=1
t=1
while abs(t)>=10**(-5):
    t=(1/(2*i-1))*(-1)**(i+1)
    s+=t
    i=i+1
pi=s*4
print("pi=",pi)
```

【运行结果】

```
pi= 3.141612653189785
```

从例 3-9 和例 3-10 可发现，当循环变量的取值在一个确定的区域内时，更适合使用 for 语句，当循环变量的取值范围不确定时，使用 while 语句更方便。

3.4.4 循环控制关键字

【例 3−11】 有一张足够大的纸，其厚度为 0.1mm，问：将它对折多少次之后，其厚度将超过珠穆朗玛峰（珠穆朗玛峰的高度取 8848.86m）？这个程序该如何编写呢？

【解析过程】

①“三个要素”。循环体：折纸是当前题目需要重复执行的操作，因此将语句“s=s*2”放入循环体。条件：“s<8848.86”。初始化：“s=0.0001”。

②“一个要求”。表面上循环变量为厚度 s，但是事实上是由于折叠才导致 s 发生变化，所以真正的循环变量应该是折叠次数 i，i 发生变化，s 才发生变化。因此应该有语句“i=i+1”。

③“一个关系”。该题目中没有待确定的变化的量。

根据对题目条件的分析可以发现，该题依然属于无法确定循环次数的情况，因此适合采用 while 语句。

【程序代码】

```
s=0.0001
i=0
while s<8848.86:
    s=s*2
    i+=1
print("折叠",i,"次后超过珠穆朗玛峰的高度。")
```

【运行结果】

```
折叠 27 次后超过珠穆朗玛峰的高度。
```

这样的题目是否也可以用 for 语句呢？答案是肯定的，可以通过配合循环控制关键字 break 实现。

（1）break

break 语句用在 for 循环和 while 循环中，用来终止最小封闭 for 循环或 while 循环。即使循环条件判断结果不为 False，或者遍历还未完成，也会停止执行循环。如果使用了多层嵌套循环，break 语句将停止所在层的循环，并开始执行该循环的下一行代码。

【语法格式】

```
break
```

【例 3-12】用 for 语句与关键字 break 搭配，实现例 3-11 程序的功能。

【解析过程】由于循环次数未知，因此 for 语句的遍历范围只能做较大的预设，然后在 for 语句内部通过 if 语句与关键字 break 的配合退出循环。

【程序代码】

```
s=0.0001
for i in range(1,100):
    s=s*2
    if s>8848.86:
        break
print("折叠",i,"次后超过珠穆朗玛峰的高度。")
```

【运行结果】

```
折叠 27 次后超过珠穆朗玛峰的高度。
```

（2）continue

除了关键字 break，还有一个关键字 continue。continue 语句同样用在 for 循环或 while 循环中，用来跳过当前循环的剩余语句，然后继续进行下一轮循环。

【例 3-13】代码段 1 和代码段 2 的输出结果分别是什么？

代码段 1：

```
for i in range(5) :
    if i == 2:
        break
    print ( "Hello" )
```

代码段 2：

```
for i in range(5):
    if i == 2:
        continue
```

```
    print ( "Hello")
```

【运行结果】这两段代码中变量 i 的取值范围都是(0,1,2,3,4)。当 i 取值 2 时，代码段 1 执行“break”，退出循环，因此只输出 2 个“Hello”；代码段 2 执行“continue”，终止这一轮循环，继续下一轮循环，因此输出 4 个“Hello”。

3.4.5　循环程序设计举例

现实中有非常多的地方需要使用循环结构进行程序设计，以下列出一些常用循环结构实例。

（1）多项式求解

多项式求解的实例非常多，前面用近似公式求 π 和下面用近似公式求 e 都是典型例题。

【例 3-14】 编写代码，根据以下公式求 e，当最末项$<10^{-5}$时停止计算。

$$e = 1 + \frac{1}{1!} + \frac{1}{2!} + \frac{1}{3!} + \cdots + \frac{1}{n!}$$

【解析过程】观察近似公式可看出，题目需要重复执行“+”操作，因此构建循环结构。以 e 存储计算求和的结果，t 存储每一项的值，i 存储项的序数。

①“三个要素”。“e=e+t”是循环体部分，将其与“t=1/?”放入循环体。“i=1”“e=1”“t=1”作为初始化语句。循环条件为“t>10**(-5)”。

②“一个要求”。按照先前的说法，在代码中的循环变量必须改变，这里 t 是循环变量，它的改变依赖 i 值的变化，因此将语句“i=i+1”放入循环体。

③“一个关系”。分析语句“t=1/?”中变化的量与变量 i 的关系，确定“t=1/(i!)”，这里阶乘求解可以使用 math 库的 factorial(i)函数。

【程序代码】

```
t=1
s=1
i=1
while t<10**(-5):
    t=t*i
    e=e+1/t
    i=i+1
print(e)
```

【运行结果】

```
2.7182815255731922
```

（2）判断素数

【例 3-15】 判断键盘输入的数 m 是否为素数。

【解析过程】素数又称质数。一个大于 1 的正整数，如果除了 1 和它本身以外，不能被其他正整数整除，就叫素数，如 2,3,5,7,11,13,17…。该题目需要重复进行整除的判断，所以搭建循环结构。m 用于存储输入的数据，i 用于存储除数。f 用于标记变量，f 的初值设置为“False”，当 m 被 i 整除时标记 f 为“True”。

①“三个要素”。判断 m 能否被 i 整除作为循环体部分。m 通过键盘输入，“i=2”“f=False”作为初始化语句。循环变量 i 的遍历范围为(2,3,…,m−1)。

②“一个要求”。由于循环遍历范围已知，因此该题目选用 for 语句，不需要单独更新 i 的语句。

③“一个关系”。题目中没有待确定的变化的量。

流程图如图 3-17 所示。

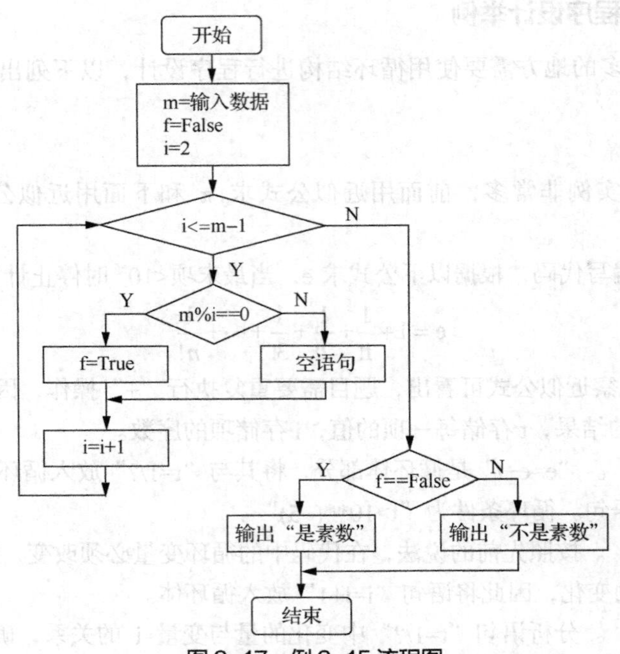

图 3-17　例 3-15 流程图

【程序代码】

```
m=eval(input('请输入待判断的数:'))
f=False
for i in range(2,m):
    if m%i==0:
        f=True
if f==False:
    print(m,'是素数')
else:
    print(m,'不是素数')
```

【运行结果】

```
请输入待判断的数：11
11 是素数
请输入待判断的数：12
12 不是素数
```

（3）递推

递推是序列计算中的一种常用算法，通常是通过计算前面的一些项来得出序列中的指定项的值。

【例 3-16】 斐波那契数列（Fibonacci Sequence），又称黄金分割数列，因数学家莱昂纳多・斐波那契（Leonardo Fibonacci）以兔子繁殖为例而引入，故又称为“兔子数列”，指的是这样一个数列：1,1,2,3,5,8,13,21,34…。这个数列中第一项和第二项为 1，其他项为前两项之和：$f(n)=f(n-1)+f(n-2)$。请编写代码输出该数列的前 20 项。

【解析过程】因为需要重复求下一项，所以选用循环结构。以 i 存储项数，a 存储第一项，b 存储第二项，c 存储下一项。循环结构部分的流程图如图 3-18 所示。

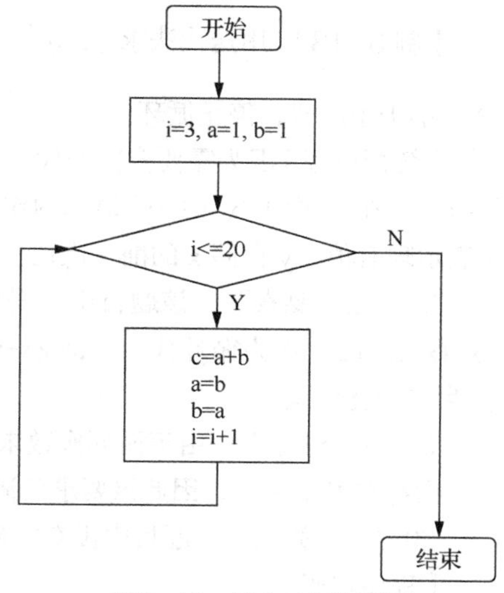

图 3-18 例 3-16 流程图

①“三个要素”。语句“c=a+b”作为循环体。“i<=20”作为循环条件。“a=1”“b=1”作为初始化语句。

②“一个要求”。已知循环遍历范围为(3,…,20)，因此选用 for 语句。在语句中不需要单独更新 i 和初始化 i 值。

③“一个关系”。题目中存在需要变化的量 a 和 b，它们的变化应该发生在求取到 c 之后，此时将 a 更新为 b 的值，将 b 更新为 c 的值，这样进入下一轮循环的时候才可以求取到新的 c 值。

【程序代码】

```
a=1
b=1
print(a,end="")
print(b,end="")
for i in range(3,21):
    c=a+b
    a=b
    b=c
    print(c,end="")
```

【运行结果】

```
1 1 2 3 5 8 13 21 34 55 89 144 233 377 610 987 1597 2584 4181 6765
```

【例 3-17】 在酒会上，如果每人与其他与会者只碰杯一次，并且知道碰杯声为 666 下，写程序求出席酒会的人数。

【解析过程】因为题目是多次重复的碰杯事件，因此选用循环结构。以 i 存储人数，s 存储碰杯数量。

①“三个要素”。每增加一个人，就会产生这个人和现有人之间的碰杯数量，因此语句“s=s+(i-1)”作为循环体。“s<666”作为循环条件。“i=1”“s=0”作为初始化语句。

②“一个要求”。由于循环次数未知，因此该题目选用 while 语句。题目中 s 在循环条件中，但是 s 变化需要更新 i，因此在循环体中增加“i=i+1”语句。

③“一个关系”。题目中没有待确定的变化的量。

【程序代码】

```
i=1
s=0
while s<666:
    i=i+1
    s=s+(i-1)
```

```
print('当前酒会的人数为：',i,'人')
```

【运行结果】

```
当前酒会的人数为： 37 人
```

【例 3-18】用迭代法求 $x=\sqrt{a}$。求平方根的迭代公式为 $x_{n+1}=\frac{1}{2}\left(x_n+\frac{a}{x_n}\right)$。当前后两项之差小于 10^{-5} 时，停止循环。

【解析过程】因为需要多次迭代，所以选用循环结构。题目需要通过前一次的 x 求新的 x，事实上，在程序中“x=x+…”语句的作用就是通过现有 x 的值求取新的 x。以 i 存储迭代次数，x 表示现有值，y 存储 x 的前一次值。

①“三个要素”。该题目中，需要重复保存旧 x 值，计算新 x 值，因此将“y=x”和“x=(x+a/x)/2”作为循环体。“abs(x−y)>10**(−5)”作为循环条件。输入 a、“y=0”“x=a”作为初始化语句。

②“一个要求”。由于循环次数未知，因此该题目选用 while 语句。由于循环条件中的 x、y 每次都在发生变化，因此该要求已满足。

③“一个关系”。题目中没有待确定的变化的量。

【程序代码】

```
a=eval(input('请输入需要计算平方根的数：'))
x=a
y=0
while abs(x-y)>10**(-5):
    y=x
    x=(x+a/x)/2
print(a,'的平方根为：',x)
```

【运行结果】

```
请输入需要计算平方根的数：5
5 的平方根为： 2.236067977499978
```

（4）有趣的数

在众多的数中，存在一些有趣的数，如完全数和相亲数等。以下以完全数为例分析这些数的判断代码如何编写。

【例 3-19】完全数（Perfect Number），又称完美数或完备数，是一些特殊的自然数。它所有的真因子（即除了自身以外的约数）的和，恰好等于它本身。请编写程序判断输入的数是否为完全数。

【解析过程】因为需要找出所有的因子，所以需要重复判断，因此选用循环结构。以 m 存储待判断的输入数，s 存储因子的累加和，i 存储从 1 到 m−1 的数。

①“三个要素”。该题目中，循环体部分用于判断当前的 i 是否为 m 的因子，如果“是”则加入 s。“i<m”作为循环条件。输入 m、“s=0”“i=1”作为初始化语句。

②“一个要求”。由于已知循环遍历范围为(1,…,m−1)，因此选用 for 语句。

③“一个关系”。题目中没有待确定的变化的量。

分析得到的流程图如图 3-19 所示。

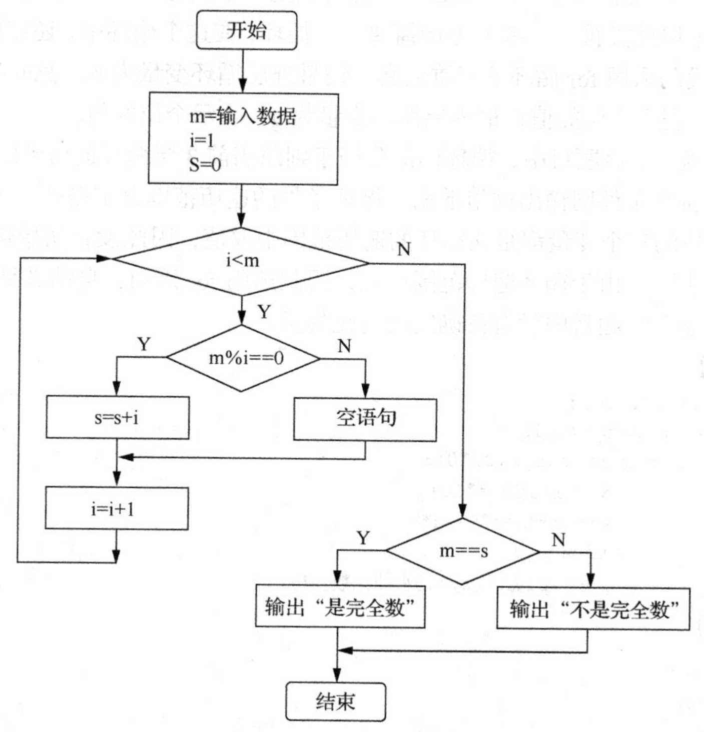

图 3-19　例 3-19 流程图

【程序代码】

```
m=eval(input('请输入待判断的数：'))
s=0
for i in range(1,m):
    if m%i ==0 :
        s=s+i
if s==m:
    print(m,'是完全数。')
else:
    print(m,'不是完全数。')
```

【运行结果】

```
请输入待判断的数：6
6 是完全数。
请输入待判断的数：10
10 不是完全数。
```

（5）组合问题

从 n 个不同元素中，任取 m（$m \leq n$）个元素并成一组，称为从 n 个不同元素中取出 m 个元素的组合。现实中我们经常需要求解一些组合问题，以下通过两个例题分析组合问题求解的代码如何编写。

【例 3-20】 如果一个三位整数等于它的各位数的立方和，则此数称为“水仙花数”，如 $1^3+5^3+3^3=153$。编写程序输出所有的水仙花数。

【解析过程】该题目需要从 1～9 中取出 1，再与其他两个从 0～9 中取出的数进行组合，判断是否符合条件；然后从 1～9 中取出 2，再与其他两个从 0～9 中取出的数进行组合，判断是否符合条件；以此类推。1～9 的遍历需要一个循环，在这个循环中，还需要嵌套两个 0～9 的遍历，因此代码采用 for 循环的三重嵌套。设最外层循环变量为 b，表示百位的值；中间层循环变量为 s，表示十位的值；最内层循环变量为 g，表示个位的值。

①“三个要素”。该题目中，循环体部分用于判断当前 3 层循环遍历到的 s、b 和 g 是否符合条件，如果符合条件则输出这组数据。循环条件的遍历范围分别是(1,⋯,9)、(0,1,⋯,9)、(0,1,⋯,9)。该题目的三个变量都是在循环的遍历范围中取值，因此没有初始化。

②“一个要求”。由于循环遍历范围已知，因此选用 for 语句，自动满足该要求。

③“一个关系”。题目中没有待确定的变化的量。

【程序代码】

```
for b in range(1,10):
        for s in range(0,10):
                for g in range(0,10):
                        x = b*100+s*10+g
                        y = b**3+s**3+g**3
                        if x==y:
                                print(x,'是水仙花数。')
```

【运行结果】

```
153 是水仙花数。
370 是水仙花数。
371 是水仙花数。
407 是水仙花数。
```

【例 3-21】 从 3 个红球、5 个白球、6 个黑球中不放回地一个个任意取出 8 个球，且其中必须有白球。统计有多少种取法。

【解析过程】该题目需要从 0～3 中取出 1 个数，再与其他两个从 1～5 和 0～6 中取出的数进行组合，判断是否符合条件，以此类推。因此与例 3-20 相同，代码也采用 for 循环的三重嵌套。设最外层循环变量为 r，表示红球的个数；中间层循环变量为 w，表示白球的个数；最内层循环变量为 b，表示黑球的个数；n 用于计数。

①“三个要素”。该题目中，循环体部分用于判断当前三层循环遍历到的 r、w 和 b 是否符合条件，如果符合条件则输出这组数据并将 n 加 1。循环条件的遍历范围分别是(0,1,⋯,3)、(1,2,⋯,5)、(0,1,⋯,6)。该题目的三个变量都在循环的遍历范围中取值，计数 n 的初值为 0。

②“一个要求”。由于循环遍历范围已知，因此选用 for 语句，自动满足该要求。

③“一个关系”。题目中没有待确定的变化的量。

【程序代码】

```
n=0
for r in range(0,4):
        for w in range(1,6):
                for b in range(0,7):
                        if r+w+b==8:
                                print(r,w,b)
                                n+=1
print('一共有',n,'种取法。')
```

【运行结果】

```
一共有 19 种取法。
```

3.5　程序的异常处理

程序中的错误分为语法错误和逻辑错误。语法错误是程序中使用的语句格式存在错误，这些错误必须在程序执行前纠正。纠正程序的语法错误后，剩下的就是逻辑错误。产生逻辑错误的原因很多，可能是算法设计时考虑不周，或是输入不合法。当 Python 检测到一个错误时，Python 解释器就会中断程序运行，并在控制台给出错误信息，这种情况称为异常。

为了让程序在运行时具有更强的稳健性，不因异常中断运行，开发人员会在设计程序时加入一些异常处理语句，这种操作就称为异常处理。Python 通过 try、except、finally 等关键字提供异常处理功能。

【例 3-22】 如下代码在执行时，如果输入字符“k”，则会出现图 3-20 所示的异常。

```
num= eval(input("请输入一个整数"))
print(num+'a')
```

输入内容　异常文件路径　异常发生的代码行数　异常回溯标记　异常类型　异常内容提示

```
请输入一个整数k
Traceback (most recent call last):
  File "D:/exam of py/异常处理/yinli.py", line 1, in <module>
    num= eval(input("请输入一个整数"))
  File "<string>", line 1, in <module>
NameError: name 'k' is not defined
```

图 3-20　输入不合法导致的异常

图 3-20 中标注了异常信息中各个部分的含义。这些信息里面最重要的部分是异常类型，这也是程序处理异常的依据。Python 中常见的异常类型如表 3-1 所示。

表 3-1　Python 中常见的异常类型

异常类型	含义
SyntaxError：invalid syntax	缺失“:”，符号“==”错误，错误使用关键字
IndentationError：unexpected indent	缩进出错
NameError: name 'k' is not defined	变量未定义或拼写错误
IndexError: list index out of range	引用超过列表最大序号
TypeError: can only concatenate str (not "int") to str	参与算术运算的操作数不是数值类型

Python 的 try-except 异常处理语句有以下三种常用语法格式。

【语法格式 1】

```
try:
    <语句块 1>
except <异常类型>:
    <语句块 2>
```

try 对应的语句块 1 是需要正常执行的内容，except 后面的语句块 2 是当发生异常时需要执行的内容。为例 3-22 增加异常处理，代码如下。

```
try:
    num= eval(input("请输入一个整数"))
print(num+'a')
except NameError:
    print("输入错误，请输入一个整数！")
```

运行结果如图 3-21 所示。输入字符“k”，在 eval()函数处出现“NameError:”异常，因此程序跳转执行 except NameError 语句，输出“输入错误，请输入一个整数！”

```
请输入一个整数k
输入错误,请输入一个整数!
```

图 3-21 try-except 异常处理语句语法格式 1 运行结果

【语法格式 2】

```
try:
    <语句块 1>
except <异常类型 1>:
    <语句块 2>
…
except <异常类型 n>:
    <语句块 n+1>
except:
    <语句块 n+2>
```

其中，第 1～*n* 个 except 后面都指定了异常类型，说明这些 except 所包含的语句块只处理这些类型的异常。最后一个 except 后面没有指定类型，表示它对应的语句块可以处理除 1～*n* 以外的其他所有异常。为例 3-22 增加异常处理，代码如下。

```
try:
    num= eval(input("请输入一个整数"))
    print(num+'a')
except NameError:
    print('输入错误,请输入一个整数！')
except:
    print('其他错误！')
```

运行结果如图 3-22 所示。当输入“5”时，“num+'a'”中的 num 和'a'引发“+”运算出现异常，因此程序跳转执行 except 语句，输出“其他错误！”

```
请输入一个整数5
其他错误!
```

图 3-22 try-except 异常处理语句语法格式 2 运行结果

【语法格式 3】

```
try:
    <语句块 1>
except <异常类型 1>:
    <语句块 2>
…
except <异常类型 n>:
    <语句块 n+1>
else:
    <语句块 n+2>
finally:
    <语句块 n+3>
```

此处的 else 语句与 for 循环和 while 循环中的 else 语句一样，当 try 对应的语句块 1 正常执行结束且没有发生异常时，执行 else 对应的语句块 *n*+2，可以将其看作 try 对应的语句块正常执行后的一种追加处理。finally 语句块则不同，无论 try 对应的语句块 1 是否发生异常，语句块 *n*+3 都会执行，因此可以将执行语句块 1 的一些收尾工作放在这里。except 后面的语句块当异常发生时执行。为例 3-22 增加异常处理，代码如下。

```
try:
    num= eval(input("请输入一个整数"))
    print(num+'a')
except NameError:
    print('输入错误,请输入一个整数! ')
except:
    print('其他错误! ')
else:
    print('没有发生异常。')
finally:
    print('程序执行完毕，不知道是否发生异常。')
```

运行结果如图 3-23 所示。不论引发了哪种异常，程序跳转执行完 except 后面的语句块后，都将执行 finally 后面的语句块。

```
请输入一个整数k
输入错误,请输入一个整数!
程序执行完毕，不知道是否发生异常。
```

```
请输入一个整数5
其他错误!
程序执行完毕，不知道是否发生异常。
```

图 3-23　try-except 异常处理语句语法格式 3 运行结果

3.6 本章小结

本章主要讲解程序控制的三种基本结构，包括顺序结构、选择结构和循环结构。

顺序结构部分重点讲解了 print()函数、input()函数的语法格式和功能。

选择结构部分首先介绍了选择结构的用途，然后通过具有连贯性的例题讲解了单分支结构、双分支结构及多分支结构的功能和语法格式。

循环结构用于实现重复执行某些语句的功能。通过“三个要素”“一个要求”和“一个关系”实现循环的构建。“三个要素”包括循环体、循环条件和初始化。实现循环的语句有 while 语句和 for 语句。当循环次数未知时，适于选用 while 语句。当循环变量的遍历范围已知时，适于选用 for 语句。在循环中可以使用循环控制关键字 break、continue，它们用于在循环体内终止循环或跳出本轮循环。最后，本节还列举了多项式求解、判断素数、递推、有趣的数和组合问题作为循环结构程序设计的应用展示。

本章最后讲解了程序的异常处理，分别介绍了什么是程序的异常，为什么要进行异常处理，以及三种语法格式的 try-except 语句。

习题 3

一、选择题

1. 以下关于程序控制结构描述错误的是（　　）。

   A. 程序由三种基本结构组成

   B. Python 程序能用分支结构实现循环算法

C. 双分支结构组合形成多分支结构

D. 分支结构包括单分支结构和双分支结构

2. 执行下面的程序，输入 4 后，程序输出的结果是（　　）。

```
x =eval(input('please input a number:'))
if x**2 > 15:
    y = x**2 + 1
if x**2 < 15:
    y = 1 / x
print(y)
```

A. None　　B. 17　　C. Error　　D. 0.25

3. 如果 while 后面的条件是 True，表示（　　）。

A. 条件是什么不清楚　　B. 条件永为真

C. 直接退出循环　　D. 不进入 while

4. 有如下代码：

```
while True:
guess = eval(input())
if guess == 0x452//2:
        break
```

能够结束程序运行的输入是（　　）。

A. break　　B. 0x452　　C. 553　　D. 226

5. 以下程序的输出结果是（　　）。

```
x= 10
while x:
   x -= 1
   if not x%2:
        print(x,end = '')
else:
   print(x)
```

A. 97531　　B. 975311　　C. 864200　　D. 86420

6. 以下程序的输出结果是（　　）。

```
sum = 1.0
for num in range(1,4):
   sum+=num
print(sum)
```

A. 7.0　　B. 1.0　　C. 6　　D. 7

7. 以下程序的输出结果是（　　）。

```
s = 0
for k in range(10,50,15):
        s = s + k
print(s,k)
```

A. 130 55　　B. 75 55　　C. 75 40　　D. 75 15

8. for 或 while 与 else 搭配使用时，关于执行 else 语句块描述正确的是（　　）。

A. 总会执行

B. 仅循环正常结束后执行

C. 永不执行

D. 仅循环非正常结束后执行（以 break 结束）

9. 以下关于循环结构的描述，错误的是（　　）。

A. 非确定次数的循环用 while 语句来实现，确定次数的循环用 for 语句来实现

B. 非确定次数的循环的次数是根据条件判断来决定的

C. 遍历循环的循环次数由遍历结构中的元素个数来体现

D. 遍历循环中，循环的次数是不确定的

10. 以下关于异常处理的描述，正确的是（　　）。

A. 引用一个不存在索引的列表元素会引发 NameError 错误

B. Python 中，可以用异常处理捕获程序中的所有错误

C. try 语句中有 except 子句就不能有 finally 子句

D. Python 中允许利用 raise 语句由程序主动引发异常

二、填空题

1. 执行下面的程序，输入 16 后，程序输出的结果是（　　）。

```
x=eval(input('请输入一个数:'))
if 0<=x<=30:
    if x < 15:
        if x < 10:
            y = 0
        else:
            y = 1
    else:
        if x < 20:
            y = 2
        else:
            y = 3
else:
    y = 4
print(y)
```

2. 小明所在的班级正在评选优秀生，要求高数、英语、Python 语言三门课总分在 240 以上，并且至少有一门课在 90 分以上。请完善代码。

```
x=int(input("请输入高数成绩: "))
y=int(input("请输入英语成绩: "))
z=int(input("请输入 Python 语言成绩: "))
if  [填空 1]:
    msg="优秀生! "
else:
    msg="请继续努力! "
print(msg)
```

3. 旅行社为了争取更多的游客，给出优惠措施：团购 5 人（及以上），团费 8 折。请完善代码。

```
p=int(input("请输入人数: "))
c=eval(input("请输入团费: "))
 [填空 1]  p >= 5 [填空 2]
    [填空 3]
 [填空 4] :
    d = 1
```

```
print("总费用为：", p*c*d)
```

4. 以下代码用于计算 s=2*4*6*⋯*10。请完善代码。

```
 [填空 1]
 [填空 2]
while [填空 3]:
      [填空 4]
      [填空 5]
print("s=2*4*6*…*10=",s)
```

5. 找出 1000 以内满足下面条件的数：个位数字与十位数字之和除以 10 所得余数刚好是其百位数字。请完善代码。

```
for i in  [填空 1]  (100, [填空 2]):
      b=i  [填空 3] 100
      s=(I % 100) // 10
      g=i  [填空 4] 10
      f (s+g) % 10  [填空 5] b:
            print(i)
```

三、程序设计题

1. 编写代码，输入学生成绩 score，如果 score 大于 90，则输出“你是学霸！”。在选择语句结束后输出“请继续努力！”。

2. 角度和弧度的转换：角的度量方式通常有两种，一种是角度制，另一种就是弧度制。在角度制中，我们把周角的 1/360 看作 1°。弧度制，顾名思义，就是用弧的长度来度量角的大小。单位弧度定义为圆周上长度等于半径的弧与圆心构成的角。

角度和弧度的公式：角度=180°×弧度÷π，弧度=角度×π÷180°。

编写程序，根据用户输入数据的单位完成角度值和弧度值之间的转换。

3. 编写代码实现剪刀、石头、布的猜拳游戏：玩家输入 1、2、3 表示剪刀、石头和布，程序随机产生 1、2、3 与玩家比较，并输出输赢结果。

4. 根据公式 $\frac{\pi^2}{8}=\sum_{n=0}^{\infty}\frac{1}{(2n+1)^2}=1+\frac{1}{3^2}+\frac{1}{5^2}+\cdots$，设计程序计算前 200 项产生的 π 的近似值。

5. 求出 100 以内的所有素数。参考判断素数的方法设计程序实现。

6. 已知有一批书共 1020 本，每天都卖掉一半加 2 本，参考递推的求解方法设计程序，求出几天能卖完。

7. 用爸爸、妈妈和自己生日的六位公倍数作为密码。例如，爸爸的生日是 8 月 1 日，妈妈的生日是 9 月 1 日，自己的生日是 10 月 4 日，密码就是 81、91 和 104 的六位最小公倍数。设计程序产生密码。

8. 凡是满足 $x^2+y^2=z^2$ 的正整数（x,y,z）称为勾股数（如 3,4,5）。参考组合问题的求解方法找出任意一个正整数 n 以内的所有勾股数。

9. 自行设计 1 个多分支结构题目，并编程实现。

10. 自行设计 1 个循环结构题目，并编程实现。

第 4 章

组合数据类型

程序对数据进行处理分为两种情况，一种是处理单个的数据，另一种是处理一组数据。第一种就是第 2 章介绍的数值类型，第二种就是组合数据类型。与只包含单一数据的数值类型最大的区别在于，一个组合数据类型的数据可以包含多个元素。组合数据类型包括序列类型、集合类型和映射类型，如图 4-1 所示。

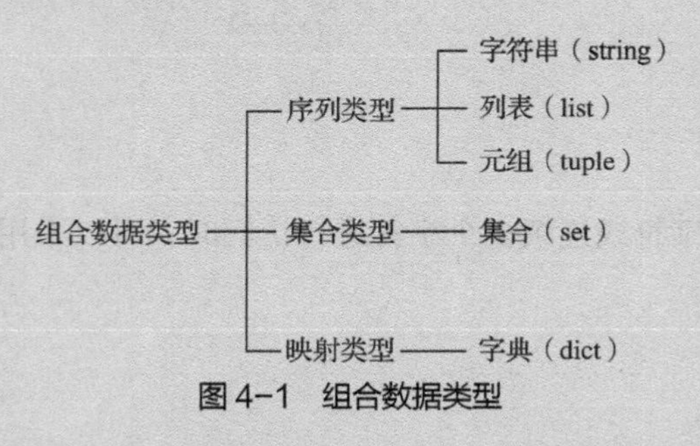

图 4-1　组合数据类型

序列类型表示一组有先后顺序的元素，元素之间存在顺序关系，通过序号访问，元素之间不排他。这种数据类型又细分为字符串、列表和元组。集合类型的多个元素之间无序，元素在集合中唯一存在。映射类型是多个“键-值”数据项的组合，每个元素是一个键值对，表示为(key, value)。

4.1 序列

所谓序列，指的是一块可存放多个值的连续内存空间，空间中的值按一定顺序排列，每个值对应一个位置编号，这个位置编号称为值的索引或序号，可通过索引或序号访问它们。Python 中的序号体系分为正向递增序号和反向递减序号，如图 4-2 所示。正向递增序号以最左侧字符序号为 0，向右依次递增；反向递减序号以最右侧字符序号为-1，向左依次递减。指定序号就可访问某个位置的值。

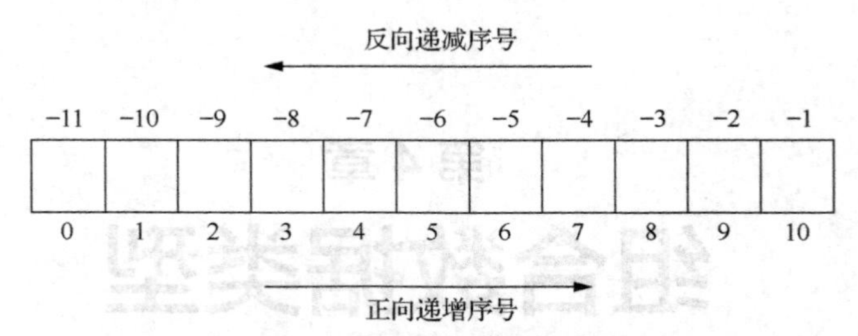

图 4-2 Python 中的两种序号体系

Python 的序列类型包括字符串、列表、元组。其中，字符串和元组的数据确定值之后就不能修改，列表的内容可以被修改。下面分别对这三个数据类型进行介绍。

4.1.1 字符串

字符串（string）是字符的序列，是 Python 中最常见的序列类型。Python 中的字符串是用单引号（'）、双引号（"）或三引号（'''）括起来的一个或多个字符。

```
>>> str1='abc'
>>> str2="def"
>>> str3='''ghi'''
>>> type(str1)
<class 'str'>
>>> type(str2)
<class 'str'>
>>> type(str3)
<class 'str'>
```

（1）访问字符串

对字符串中的单个字符或连续多个字符进行访问时，可以采用单个访问或区间访问的方式。

① 单个访问

【语法格式】

```
str[n]
```

str[n]的功能是访问字符串 str 中序号 n 对应的字符。其中，str 是存储字符串的变量名称，n 是希望访问的字符的序号。

```
>>> str1="Hello world"
>>> print(str1[0])
H
```

```
>>> print(str1[-1])
d
>>> print(str1[6])
w
```

② 区间访问

【语法格式】

```
str[n:m:k]
```

str[n:m:k]的功能是访问字符串 str 中多个字符。其中，str 是存储字符串的变量名称；n 是第一个字符的序号；m 是访问的多个字符结束的位置，访问到的字符不包含该位置上的字符；k 为步长，限定访问方向和访问频率，当 k 为正数时，正向访问，当 k 为负数时，反向访问，访问频率表示从第一个访问位置开始每几个字符中取 1 个字符。

三个参数都可以省略，但是冒号不能省略。当省略 n 时，代表从序号 0 开始访问；当省略 m 时，代表按指定方向访问到最后一个字符；当省略 k 时，默认 k=1，代表正向逐个访问。

```
>>> s='0123456789'
>>> print(s[2:7:2])
246
>>> print(s[7:2:-2])
753
>>> print(s[2:7])
23456
>>> print(s[:7:2])
0246
>>> print(s[2::2])
2468
>>> print(s[::2])
02468
```

（2）转义字符

作为程序设计语言，Python 和 C 类似，也有转义字符。\与后面一个字符组成一个转义字符，产生新的含义。例如，当需要输出引号或反斜杠时，就可以使用转义字符。

```
>>> print ('\'大家好\'')
'大家好'
>>> print ('\\大家好\\')
\大家好\
```

常用转义字符如表 4-1 所示。

表 4-1　常用转义字符

转义字符	功能
\n	表示换行
\\	表示反斜杠
\'	表示单引号
\"	表示双引号
\t	表示水平制表符（Tab）

（3）字符串运算符

Python 提供 5 个字符串运算符，如表 4-2 所示。

表 4-2 字符串运算符

运算符	功能
x+y	连接两个字符串 x 与 y
x*n 或 n*x	复制 n 次子串 x
x in s x not in s	如果 x 是 s 的子串，返回 True，否则返回 False 如果 x 不是 s 的子串，返回 True，否则返回 False
str[i]	索引，返回第 i 个字符
str[N:M]	切片，返回第 N 个字符到第 M 个字符（子串），不包含第 M 个字符

（4）字符串处理函数

Python 有 6 个常用的字符串处理函数。

【语法格式】

```
函数名(x)
```

其中，x 中存储了待处理的数据。

字符串处理函数如表 4-3 所示。

表 4-3 字符串处理函数

函数	功能
len(x)	返回字符串 x 的长度
str(x)	把任意类型数据 x 转换为字符串
chr(x)	返回 Unicode 代码 x 对应的单字符
ord(x)	返回单字符 x 对应的 Unicode 代码
hex(x)	返回整数 x 对应的十六进制数的小写形式字符串
oct(x)	返回整数 x 对应的八进制数的小写形式字符串

示例代码如下。

```
>>> print(len('abcd123'))
7
>>> print(str(1+4))
5
>>> print(chr(97))
a
>>> print(ord('a'))
97
>>> print(hex(97))
0x61
>>> print(oct(97))
0o141
```

（5）字符串处理方法

Python 还提供了一些进行字符串处理的方法。

【语法格式】

```
str.方法名(参数)
```

其中，str 代表待处理的字符串。

字符串处理方法如表 4-4 所示。

表 4-4　字符串处理方法

方法	功能
str.lower()	字符串中字母小写
str.upper()	字符串中字母大写
str.islower()	字符串中所有字母都是小写，返回 True
str.isnumeric()	字符串中所有字符都是数字，返回 True
str.isspace()	字符串中所有字符都是空格，返回 True
str.split(sep=None)	按指定字符分割字符串为数组，默认分隔符为空格
str.replace(old,new,[count])	字符串替换
str.strip([char])	去掉两边空格或去掉指定字符
str.count(sub[,start[,end]])	返回 str[start:end]中 sub 子串出现的次数

示例代码如下。

```
>>> print('abcABC'.lower())
abcabc
>>> print('abcABC'.islower())
False
>>> print('123'.isnumeric())
True
>>> print('  '.isspace())
True
>>> print('We are Chinese'.split())
['We', 'are', 'Chinese']
>>> print('Python language, is powerful.'.split(','))
['Python language', ' is powerful.']
>>>
>>> print('  abc   '.strip())
abc
>>> print('***abc***'.strip('*'))
abc
>>> print('abcdabcdabcd'.replace('cd','ok'))
abokabokabok
>>> print('abcdabcdabcd'.replace('cd','ok',1))
abokabcdabcd
>>> print('python is an excellent language.'.count('a'))
3
>>> print('python is an excellent language.'.count('a',20))
2
```

（6）字符串的格式化

Python 提供了对字符串进行格式化处理的方法 format()，用于将字符串转换为某种规定格式。

【语法格式】

```
<模板字符串>.format(<逗号分隔的参数>)
```

其中，<模板字符串>是带有格式控制信息的字符串，format 后面的参数是要填入字符串的内容。<模板字符串>中有“{}”（大括号），format 后面有几个参数，<模板字符串>中就应该有几个“{}”。Python 将模板字符串中的“{}”称为“槽”。

举例如下。

```
str1 = "第{}次人口普查结果显示，全国人口共{}万人。".format(7, 141178)
```

其中，format 后面有两个参数，因此，模板字符串中需要两个“{}”。每个槽与后面的 1 个参数对应。对应的方式有两种，默认对应方式和指定对应方式。当所有的槽都没有写序号时，采取默认对应方式，第一个槽对应第一个参数，第二个槽对应第二个参数，以此类推。指定对应方式是在槽中写上序号，序号默认从 0 开始，槽中的序号就是该槽对应的参数位置，如图 4-3 所示。

例如：

```
str2 = "第{2}次人口普查结果为：全国人口共{0}万人，年平均增长率为{1}%。".format(141178, 0.53,
'七')
```

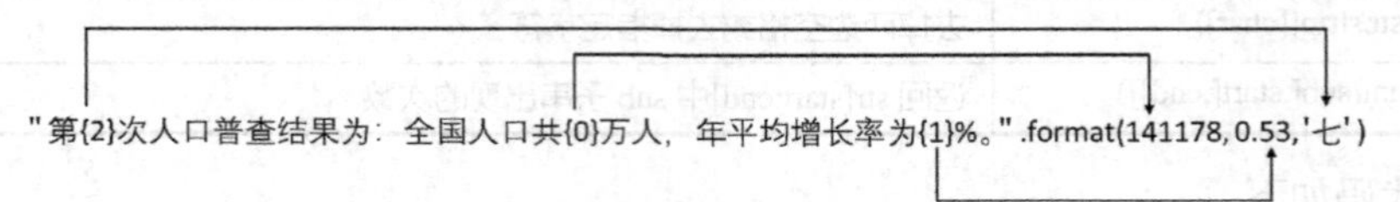

图 4-3　format()方法中槽与参数的对应关系

format()方法中，模板字符串的槽中除了写序号，还可以写格式控制标记。

【语法格式】

```
{<序号>: <格式字段>}
```

序号后面的内容就是用于控制字符串格式的字段，包括<填充>、<对齐>、<宽度>、<,>、<.精度>、<类型>6 个字段。这些字段都是可选的，可以组合使用，如表 4-5 所示。

表 4-5　格式字段

格式字段	功能
<填充>	用于填充的单个字符
<对齐>	<左对齐 >右对齐 ^居中对齐
<宽度>	槽设定的输出宽度
<,>	数字的千位分隔符
<.精度>	小数精度或字符串最大输出长度
<类型>	整型 b,c,d,o,x,X，浮点型 e,E,f,%

<宽度>、<对齐>和<填充>是 3 个相关字段。<宽度>设定当前槽对应参数的输出宽度，如果该槽对应的参数实际长度比<宽度>设定值大，则使用参数实际长度，如果参数实际长度小于<宽度>设定值，则默认以空格补充。<对齐>指参数在宽度内输出时的对齐方式，分别使用“<”“>”和“^”3 个符号表示左对齐、右对齐和居中对齐。<填充>指宽度内除了参数外的字符，默认采用空格，也可以通过设置填充字符更换。举例如下。

```
>>>"{0:=^20}".format("PYTHON")
'=======PYTHON======='
>>>"{0:*>20}".format("STAR")
'****************STAR'
```

格式字段的<,>用于数值类型参数输出时加千位分隔符。举例如下。

```
>>> "{0:,}".format(123456789)
'123,456,789'
```

<.精度>由小数点“.”开头，有两个作用：对于浮点型参数，表示小数部分输出的有效位数；对于字符串参数，表示输出的最大长度。举例如下。

```
>>>"{0:,.2f}".format(12345.6789)
'12,345.68'
>>>"{:.3}".format("Python")
'Pyt'
```

<类型>实现整型参数和浮点型参数的格式控制。对于整型，输出格式包括以下 6 种。

① b：输出整数的二进制形式。

② c：输出整数对应的 Unicode 代码。

③ d：输出整数的十进制形式。

④ o：输出整数的八进制形式。

⑤ x：输出整数的小写十六进制形式。

⑥ X：输出整数的大写十六进制形式。

举例如下。

```
>>> "{0:b},{0:c},{0:d},{0:o},{0:x},{0:X}".format(908)
'1110001100,Ό,908,1614,38c,38C'
```

对于浮点型，输出格式包括以下 4 种。

① e：输出小数对应的小写字母 e 的科学记数形式。

② E：输出小数对应的大写字母 E 的科学记数形式。

③ f：输出小数的标准浮点形式。

④ %：输出小数的百分形式。

浮点型输出时尽量使用<.精度>表示小数部分的精度，有助于更好地控制格式。举例如下。

```
>>>"{0:e},{0:E},{0:f},{0:%}".format(3.14)
'3.140000e+00,3.140000E+00,3.140000,314.000000%'
```

（7）字符串应用举例

【例 4-1】 从键盘输入一个字符串，分别统计其中英文字母、空格、数字和其他字符的个数。

【解析过程】以 str1 指向输入的字符串，题目需要逐个判断字符的类型并统计个数，因此选用循环结构。以 c 指向字符个数的存储空间，s 指向空格个数的存储空间，n 指向数字个数的存储空间，o 指向其他字符的存储空间。

①“三个要素”。循环体部分判断字符的类型并统计个数。输入字符串作为初始化语句。循环条件为逐个遍历字符串中的字符。

第 2 章关系表达式部分曾提到，字符可以比较大小，按照其 Unicode 代码进行比较。'A'<=char1<='Z'代表的含义是'A'<=char1 并且 char1<='Z'，表示判断变量 char1 是否在'A'到'Z'之间取值，如果是，则条件为 True，否则条件为 False。

```
for <循环变量> in <遍历范围>:
    循环体
```

第 3 章中讲到的 for 语句，其遍历范围除了可以是 range()函数产生的区间，也可以是字符串。当遍历范围是字符串时，代表循环变量在该字符串中顺序取值。

②“一个要求”。循环变量在该字符串中顺序取值。

③“一个关系”。循环体内没有不确定的变化的量。

【程序代码】

```
str1=input('请输入待统计的字符串：')
c=0
s=0
n=0
o=0
for char1 in str1 :
    if 'A' <= char1 <= 'Z' or 'a' <= char1 <= 'z':
          c+=1
    elif '0' <= char1 <= '9':
          n += 1
    elif char1==' ':
          s += 1
    else:
          o+=1
print('字符串中有{}个字符，{}个数字，{}个空格和{}个其他字符。'.format(c,n,s,o))
```

【运行结果】

```
请输入待统计的字符串：I have 2 pet dogs.
字符串中有 12 个字符，1 个数字，4 个空格和 1 个其他字符。
```

【例 4-2】保留字符串 s1 中的字母，存放到 s2 指向的存储空间。例如，s1 中输入“12aA3b4B5”，在 s2 中显示为“aAbB”。

【解析过程】题目需要逐个判断字符的类型，因此选用循环结构。

①“三个要素”。循环体部分判断字符串 s1 中各个字符的类型，将符合条件的字符存放到 s2 中。输入字符串作为初始化语句。循环条件为逐个遍历字符串 s1 中的字符。

字符连接需要用到字符串运算符“+”，该运算符用于前后两个字符串的连接。

②“一个要求”。循环变量在该字符串中顺序取值。

③“一个关系”。循环体内没有不确定的变化的量。

【程序代码】

```
s1=input('请输入待整理的字符串：')
s2=''
for c in s1 :
    if 'A' <= c <= 'Z' or 'a' <= c <= 'z':
          s2=s2+c
print(s2)
```

【运行结果】

```
请输入待整理的字符串：I have 2 pet dogs.
Ihavepetdogs.
```

4.1.2 列表

列表（list）是最常用的 Python 序列类型。对于字符串起连接作用的“+”、起复制作用的“*”和用于成员判断的“in”“not in”对于元组有同样的功能。列表的数据项不需要具有相同的类型。列表中的元素按先后顺序排列，元素之间可以没有任何关系。列表类似其他语言的数组，但功能比数组强大。

列表的构成模式如下。

```
[n1,n2,n3,…,n]
```

（1）创建列表

创建一个列表，可以通过以下三种方式。

① 空列表

```
>>> student1=[]
>>> type(student1)
<class 'list'>
```

② 列表赋值

```
>>> student2=['Liuyi ',18,'ChongQing','男']
>>> type(student2)
<class 'list'>
```

③ 其他数据类型转换为列表

```
>>> student3=list('Z W S L Q')
>>> type(student3)
<class 'list'>
```

（2）访问列表

访问列表与访问字符串类似，可以对列表中的单个元素进行访问，也可访问连续的多个元素。

假设待访问的列表为

```
student=['Liuyi',18,'ChongQing','男']
```

① 单个访问

【语法格式】

```
列表名[n]
```

“列表名[n]”的功能是访问列表中序号 n 对应的元素。其中，n 是希望访问到的元素的序号，可以用正向递增序号，也可以用反向递增序号。举例如下。

```
>>> student=['Liuyi',18,'ChongQing','男']
>>> student[0]
'Liuyi'
>>> student[-2]
'ChongQing'
```

② 区间访问

【语法格式】

```
列表名[n:m:k]
```

“列表名[n:m:k]”的功能是访问列表中连续的多个元素。其中 n、m 和 k 的功能与字符串的区间访问相同。

n 是起始序号，m 是结束序号，k 为步长。这三个参数都可以省略，但是冒号不能省略。

示例代码如下。

```
>>> student[0:3]
['Liuyi', 18, 'ChongQing']
>>> student[0:3:2]
['Liuyi', 'ChongQing']
```

【例 4-3】 以下代码的运行结果是（　　）。

```
ls = [3.5, "Python", [10, "LIST"], 3.6]
print(ls[2][-1][1])
```

A. L　　　　B. Y　　　　C. P　　　　D. I

【解析过程】访问从左向右依次进行。首先访问“ls[2]”得到“[10, "LIST"]”；再访问“[10,

"LIST"]”中序号为“-1”的元素，得到“"LIST"”；最后访问“"LIST"”中序号为“1”的元素，得到“I”。因此该题选 D。

③ 整体访问

【语法格式】

```
列表名
```

示例代码如下。

```
>>> print(student)
['Liuyi', 18, 'ChongQing', '男']
```

④ 遍历访问

【语法格式 1】

```
for <任意变量名> in <列表名>:
语句块
```

示例代码如下。

```
>>> for e in student:
        print(e, end=" ")
Liuyi 18 ChongQing 男
```

【语法格式 2】

```
for <任意变量名> in range(len(列表名)):
语句块
```

示例代码如下。

```
>>> for i in range(len(student)):
    print(student[i], end=" ")
Liuyi 18 ChongQing 男
```

（3）操作列表

对列表的操作包括修改、追加、插入、查找、删除、清空列表。下面分别介绍。

① 修改：用新值替换序号（索引）对应元素的内容。

【语法格式】

```
列表名[索引]=新值
```

示例代码如下。

```
>>> student=['Liuyi',18,'ChongQing','男']
>>> student[0]='Tom'
>>> print(student)
['Tom', 18, 'ChongQing', '男']
```

② 追加：在列表的末尾增加元素。

【语法格式】

```
列表名.append(内容)
```

示例代码如下。

```
>>> student=['Liuyi',18,'ChongQing','男']
>>> student.append('篮球')
>>> print(student)
['Liuyi', 18, 'ChongQing', '男', '篮球']
```

③ 插入：在指定位置插入指定元素。

【语法格式】

```
列表名.insert(位置,元素)
```

示例代码如下。

```
>>> student=['Liuyi', 18, 'ChongQing', '男', '篮球']
>>> student.insert(4,'音乐')
>>> print(student)
['Liuyi', 18, 'ChongQing', '男', '音乐', '篮球']
```

④ 查找：在列表中查找指定元素，也称为成员判断。

```
>>> student=['Liuyi', 18, 'ChongQing', '男', '音乐', '篮球']
>>> print('围棋' in student)
False
>>> print(20 not in student)
True
```

⑤ 删除：删除列表元素。

【语法格式 1】

```
列表名.pop(索引)
```

示例代码如下。

```
>>> student=['Liuyi', 18, 'ChongQing', '男', '音乐', '篮球']
>>> student.pop(4)
'音乐'
>>> print(student)
['Liuyi', 18, 'ChongQing', '男', '篮球']
```

【语法格式 2】

```
列表名.remove (内容)
```

示例代码如下。

```
>>> student=['Liuyi', 18, 'ChongQing', '男', '音乐', '篮球']
>>> student.remove('音乐')
>>> print(student)
['Liuyi', 18, 'ChongQing', '男', '篮球']
```

【语法格式 3】

```
del 列表名[索引]
```

示例代码如下。

```
>>> student=['Liuyi', 18, 'ChongQing', '男', '音乐', '篮球']
>>> del student[4]
>>> print(student)
['Liuyi', 18, 'ChongQing', '男', '篮球']
```

⑥ 清空列表。

【语法格式】

```
列表名.clear()
```

示例代码如下。

```
>>> student=['Liuyi', 18, 'ChongQing', '男', '音乐', '篮球']
>>> student.clear()
```

```
>>> print(student)
[]
```

（4）列表的常用函数及方法

列表的常用函数及方法如表 4-6 所示。

表 4-6 列表的常用函数及方法

函数及方法	功能	示例
len(list)	返回列表元素个数	students=['Liuyi','Tom','John'] print(len(students)) 输出结果：3
max(list)	返回列表元素中的最大值。数值类型的参数，取最大值。字符串参数，取首字母排序靠后者	students=['Liuyi','Tom','John'] print(max(students)) ages=[1,56,18] print(max(ages)) 输出结果：Tom 和 56
min(list)	返回列表元素中的最小值。数值类型的参数，取最小值。字符串参数，取首字母排序靠前者	students=['Liuyi','Tom','John'] print(min(students)) ages=[1,56,18] print(min(ages)) 输出结果：John 和 1
list.count(obj)	统计某个元素在列表中出现的次数	students=['Liuyi','Tom','Liuyi','Amy','Kim','Sunny'] print(students.count('Liuyi')) 输出结果：2
list1.extend(list2)	扩展列表，在一个列表的末尾追加一个新的列表，参数为一个列表	students=['Liuyi','Tom','Amy'] students2=['Kim','Sunny'] students.extend(students2) print(students) 输出结果：['Liuyi', 'Tom', 'Amy', 'Kim', 'Sunny']
list.index(obj)	从列表中找出某一个值的第一个匹配项的位置	students=['Liuyi','Tom','Liuyi','Amy','Kim','Sunny'] print(students.index('Liuyi')) 输出结果：0
list.reverse()	反向排列列表中的元素，该方法没有返回值	students=['Liuyi','Tom','Liuyi','Amy','Kim','Sunny'] students.reverse() print(students) 输出结果：['Sunny', 'Kim', 'Amy', 'Liuyi', 'Tom', 'Liuyi']
list.sort()	对列表进行排序，该方法没有返回值	students=[4,2,1,8,6,9,10] students.sort() print(students) 输出结果：[1, 2, 4, 6, 8, 9, 10]
list.copy()	复制列表	students=['Liuyi','Tom','John','Amy','Kim','Sunny'] students2=students.copy()　print(students2) 输出结果：['Liuyi', 'Tom', 'John', 'Amy', 'Kim', 'Sunny']

（5）列表应用举例

【例 4-4】 随机产生 100 个[70,100]中的数据，每 10 个一行输出，找出最大值及其第一次出现的位置，并统计其出现的次数。

【解析过程】

① 存放多个元素使用列表。

② 随机数用 random 库产生。通过关键字 end 与 print()函数配合实现每 10 个元素换一行。

③ 找出最大值使用 max()函数，找第一次出现的位置用 index()函数，统计次数用 count()函数。

【程序代码】

```
import random
li=[]
```

```
for i in range(0,100):
        x=random.randint(70,100)
        li.append(x)
        print(li[i],end=" ")
        if (i+1)%10==0:
              print()
maxnum=max(li)
print(maxnum)
print(li.index(maxnum))
print(li.count(maxnum))
```

【例4-5】 随机产生26个不重复的小写英文字母，按从大到小输出。

【解析过程】

① 存放多个元素使用列表。

② 随机产生小写字母的 Unicode 代码，再使用 chr()函数转换成对应的字母。随机数用 random 库产生。

③ 判断新产生的字母是否在当前列表中用运算符“in”。

④ 排序使用 sort()函数。在 sort()函数中加参数 reverse=True 可以实现逆序。

【程序代码】

```
import random
s=[]
for i in range(1,100):
      x=random.randint(97,122)
      if chr(x) not in s:
            s.append(chr(x))
      if len(s)==26:
            break
s.sort(reverse=True)
print(s)
```

【例4-6】有10个学生的成绩[86,72,93,90,71,56,85,88,70,95]，计算平均值并统计超过平均值的元素个数。

【解析过程】

① 存放多个元素使用列表。

② 用循环结构完成累加求和。

③ 用循环结构遍历列表，比较每个元素与平均值的大小并完成统计。

【程序代码】

```
li=[86,72,93,90,71,56,85,88,70,95]
s=0
n=0
for i in li:
      s+=i
ave=s/len(li)
for i in li:
      if i > ave:
            n=n+1
print('平均数为{}，大于平均数的数有{}个。'.format(ave,n))
```

【运行结果】

```
平均数为80.6，大于平均数的数有6个。
```

【例 4-7】对列表[8,10,2,16,14,4,6,18,12]进行排序，然后插入数值 15 使得列表依然有序，最后删除列表中的 10。

【解析过程】

① 排序使用 sort()函数。

② 用循环结构遍历列表，找到第一个比 15 大的元素，记录该位置为插入位置。使用 insert()方法插入。

③ 使用 remove()方法删除 10。

【程序代码】

```
s=[8,10,2,16,14,4,6,18,12]
s.sort()
print(s)
x=15
ps=len(s)
for i in s:
        if i>x:
              ps=s.index(i)
              break
s.insert(ps,x)
print(s)
s.remove(10)
print(s)
```

【运行结果】

```
[2, 4, 6, 8, 10, 12, 14, 16, 18]
[2, 4, 6, 8, 10, 12, 14, 15, 16, 18]
[2, 4, 6, 8, 12, 14, 15, 16, 18]
```

【例 4-8】将列表[1,2,3,4,5]循环右移，即将列表中的元素顺序向右移动，最右边的元素移到列表最左边。例如，列表为[1,2,3,4,5]，循环右移之后为[5,1,2,3,4]。

【解析过程】

① 存放多个元素使用列表。

② 保存最右边元素。

③ 删除最右边元素。

④ 将保存的最右边元素插入序号 0 对应的位置。

【程序代码】

```
a=[1,2,3,4,5]
print('初始列表为：',a)
x=a[-1]
a.pop(-1)
a.insert(0,x)
print('右移后的列表为：{}'.format(a))
```

【例 4-9】统计并输出列表[90, 76, 89, 21, 10, 44, 57, 69, 28, 71]中的峰值及其位置。（若某元素的值大于它的前后相邻元素的值，则该元素的值为峰值）。

【解析过程】

① 题目需要将每个元素与前、后元素分别比较，因此选用循环结构。

② 在循环体内，由于第一个元素只能与后一个元素比，最后一个元素只能与前一个元素比，因此用选择结构分别讨论。

③ 通过序号实现元素的前后关系，即 li[i-1]、li[i]、li[i+1]。

【程序代码】

```
li=[90, 76, 89, 21, 10, 44, 57, 69, 28, 71]
for i in range(len(li)):
    if i!=0 and i!=len(li)-1:
        if li[i]>li[i-1] and li[i]>li[i+1]:
            print('第',i,'位',li[i])
    elif i==0:
        if li[i] > li[i + 1]:
            print('第',i,'位',li[i])
    elif i==len(li)-1:
        if li[i] > li[i - 1]:
            print('第',i,'位',li[i])
```

【运行结果】

```
第 0 位 90
第 2 位 89
第 7 位 69
第 9 位 71
```

【例 4-10】 使用列表求 Fibonacci 数列 1,1,2,3,5,8,…的前 20 项。

【解析过程】

① 存放多个元素使用列表 f。

② 第 1 项和第 2 项已知，初始化列表 f=[1,1]。

③ 前两项表示为 f[i-1]、f[i-2]。

④ 将元素添加到列表末尾使用 append()方法。

【程序代码】

```
f=[1,1]
for i in range(2,20):
    x=f[i-1]+f[i-2]
    f.append(x)
print(f)
```

【运行结果】

```
[1, 1, 2, 3, 5, 8, 13, 21, 34, 55, 89, 144, 233, 377, 610, 987, 1597, 2584, 4181, 6765]
```

4.1.3 元组

Python 的元组（tuple）和列表类似，也是序列类型，通过序号访问各个元素。对于字符串起连接作用的“+”、起复制作用的“*”和用于成员判断的“in”“not in”对于元组有同样的功能。它们的区别有二：一是元组使用小括号，列表使用中括号；二是元组的元素不能被修改，而列表的元素可以被修改，因此元组没有追加、插入、删除单个元素等方法。

元组的构成模式如下。

```
(n1,n2,n3,…,n)
```

（1）创建元组

【语法结构】

```
元组名=(元素 1,元素 2,元素 n…)
```

用逗号将一组数据彼此隔开并赋值给元组名，即可生成元组。

```
>>> a=(1,2,3)
>>> b=4,2,3
>>> c=(1)
>>> d=1,
>>> print(type(a),type(b),type(c),type(d))
<class 'tuple'> <class 'tuple'> <class 'int'> <class 'tuple'>
>>> print(a+b, a*3, 4 in a)
(1, 2, 3, 4, 2, 3) (1, 2, 3, 1, 2, 3, 1, 2, 3) False
```

（2）访问元组

虽然元组的元素不能够被改变，但是元组也是序列类型，列表对元素的访问方式对元组都适用。并且，虽然元组用小括号表示边界，但是用序号访问元组的元素时依然用中括号表示。

① 单个访问

【语法格式】

```
元组名[n]
```

“元组名[n]”的功能是访问元组中序号 n 对应的元素。

② 区间访问

【语法格式】

```
元组名[n:m:k]
```

“元组名[n:m:k]”的功能是访问元组中连续的多个元素。其中 n、m 和 k 的功能与列表的区间访问相同。

③ 整体访问

【语法格式】

```
元组名
```

④ 遍历访问

【语法格式 1】

```
for <任意变量名> in <元组名>:
语句块
```

【语法格式 2】

```
for <任意变量名> in range(len(元组名)):
语句块
```

【例 4-11】 确定以下代码的输出结果。

```
girl=('Anna','Cindy')
students=('Liuyi','Tom','john','Amy','Kim',girl)
print(students[-1][1][0])
```

【解析过程】访问从左向右依次进行。首先访问“students[-1]”得到“girl”；再访问“girl”中序号为“1”的元素，得到 Cindy；最后访问 Cindy 中序号为“0”的元素，得到“C”。因此该题输出结果为“C”。

（3）删除元组

元组和列表不一样，元组中的元素不允许被单独修改、删除或清空，因此只能使用 del 语句来删除整个元组。使用 del 之后，元组不再存在，如果继续访问则会出现“NameError: name 'tuple1' is not defined”异常。

【语法格式】

```
del 元组名
```

示例代码如下。

```
>>> tuple1=('abcd',123,3.33,'hello')
>>> print("删除之前的元组为：",tuple1)
删除之前的元组为： ('abcd', 123, 3.33, 'hello')
>>> del tuple1
>>> print("删除之后的元组为：",tuple1)
Traceback (most recent call last):
  File "<pyshell#72>", line 1, in <module>
    print("删除之后的元组为：",tuple1)
NameError: name 'tuple1' is not defined
```

（4）元组的常用函数

元组的常用函数如表 4-7 所示。

表 4-7　元组的常用函数

函数	功能	示例
len(tuple)	返回元组元素个数	tuple1=(4,2,6,10,9,8) num=len(tuple1) print(num) 输出结果：6
max(tuple)	返回列表元素中的最大值	tuple1=(4,2,6,10,9,8) num=max(tuple1) print(num) 输出结果：10
min(tuple)	返回列表元素中的最小值	tuple1=(4,2,6,10,9,8) num=min(tuple1) print(num) 输出结果：2
tuple(list)	将列表转换为元组	students=['Liuyi','Tom','John','Amy','Kim','Sunny'] tuple1=tuple(students) print(tuple1) 输出结果： ('Liuyi', 'Tom', 'John', 'Amy', 'Kim', 'Sunny')

4.2　集合

集合（set）是组合数据类型的一种。集合类型数据与数学中的集合概念相同，为包含 0 个或多个元素的无序组合。集合与序列最大的区别就在于集合中的元素是无序的，彼此之间没有位置关系，并且集合中不存在相同的元素。因此，集合没有序号（索引）和位置的概念，不能分片。集合中的元素只能是不可变类型数据，如数值类型、字符串或元组，列表就不能作为集合的元素。

集合的构成模式如下。

```
{n1,n2,n3,…,n}
```

创建集合、添加、删除、交集、并集、差集都是非常实用的操作方法。集合中的元素可以动态添加或删除。集合用大括号（{}）表示，可以用赋值语句生成一个集合。举例如下。

```
>>> S = {"Liuyi",(18, "男"),175,65}
>>> print(S)
{'Liuyi', 65, (18, '男'), 175}
>>> T={"Liuyi",(18, "男"),175,65,'Liuyi',175}
>>> print(T)
{'Liuyi', 65, (18, '男'), 175}
```

从以上代码可以看出：首先，由于集合是无序的，因此集合的元素输出的顺序与定义的顺序可能不一致；其次，由于集合中的元素不重复，因此定义时的重复元素会被去掉。

set(x)函数用于将其他组合数据类型转换为集合，参数 x 可以是任何组合数据类型，返回结果是一个元素无重复且任意排序的集合。举例如下。

```
>>> s1=set('hello world')
>>> print(s1)
{' ', 'h', 'w', 'o', 'e', 'd', 'r', 'l'}
```

Python 为集合类型的数据提供了实现数学中集合运算功能的运算符，如表 4-8 所示。

表 4-8　集合运算符

运算符	功能
S -T 或 S.difference(T)	返回一个新集合，包括在集合 S 中但不在集合 T 中的元素
S-=T 或 S.difference_update(T)	更新集合 S，包括在集合 S 中但不在集合 T 中的元素
S & T 或 S.intersection(T)	返回一个新集合，包括同时在集合 S 和集合 T 中的元素
S&=T 或 S.intersection_update(T)	更新集合 S，包括同时在集合 S 和集合 T 中的元素
S^T 或 S.symmetric_difference(T)	返回一个新集合，包括集合 S 和集合 T 中元素，但不包括同时在两个集合中的元素
S=^T 或 S.symmetric_difference_update(T)	更新集合 S，包括集合 S 和集合 T 中元素，但不包括同时在两个集合中的元素
S|T 或 S.union(T)	返回一个新集合，包括集合 S 和集合 T 中所有元素
S=|T 或 S.update(T)	更新集合 S，包括集合 S 和集合 T 中所有元素
S<=T 或 S.issubset(T)	如果 S 与 T 相同或 S 是 T 的子集，返回 True，否则返回 False，可以用“S<T”判断 S 是否为 T 的真子集
S>=T 或 S.issuperset(T)	如果 S 与 T 相同或 S 是 T 的超集，返回 True，否则返回 False，可以用“S>T”判断 S 是否为 T 的真超集

集合的常用函数及方法如表 4-9 所示。

表 4-9　集合的常用函数及方法

函数及方法	功能
S.add(x)	如果元素 x 不在集合 S 中，则将 x 添加到 S
S.clear()	移除集合 S 中的所有元素
S.copy()	返回集合 S 的一个副本
S.pop()	随机返回集合 S 中的一个元素，如果 S 为空，则产生“KeyError”异常
S.discard()	如果元素 x 在集合 S 中，移除该元素；如果元素 x 不在集合 S 中，不报错
S.remove(x)	如果元素 x 在集合 S 中，移除该元素；如果元素 x 不在集合 S 中，则产生“KeyError”异常
S.isdisjoint(T)	如果集合 S 和集合 T 没有相同元素，则返回 True
Len(S)	返回集合 S 的元素个数

4.3　字典

字典（dict）也是 Python 提供的一种常用的数据结构，它用于存放具有映射关系的数据。

例如，有份成绩表数据，语文 89 分，数学 98 分，Python 语言 92 分。这组数据包含两个列表，这两个列表的元素之间有一定的关联。如果单纯使用两个列表来保存这组数据，则无法记录数据之间的关联。为了保存具有映射关系的数据，Python 提供了字典。字典相当于保存了两组数据，其中一组数据是键（key），另一组数据是值（value），可通过键来访问。一个键值对构成一个字典的元素，这些元素之间没有顺序。字典中的键只能是不可变类型的数据，包括数值类型数据、字符串和元组；值的数据类型不受限制。字典用大括号表示。

字典的构成模式如下。

```
{<key1>:<value1>,<key2>:<value2>,…,<key>:<value>}
```

4.3.1　创建字典

字典的创建有两种方式，可以直接创建空字典，也可以将键值对赋值给字典变量。

（1）使用大括号创建字典

示例代码如下。

```
>>> d1={}
>>> print(d1)
{}
>>> print(type(d1))
<class 'dict'>
```

（2）将键值对赋值给字典变量

示例代码如下。

```
>>> students={'name':'Liuyi','age':18,'sex':'男'}
>>> print(type(students))
<class 'dict'>
>>> print(students)
{'name': 'Liuyi', 'age': 18, 'sex': '男'}
```

4.3.2　访问字典

字典中，通过指定放在中括号内的键访问对应的值，字典的键就相当于列表的序号。其他组合数据类型都是通过数字索引来获得值，字典是通过字符索引来获得值。用键访问值时，依然使用中括号。举例如下。

```
>>> students={'name':'Liuyi','age':18,'sex':'男'}
>>> print(students['name'])
Liuyi
```

也可以访问整个字典，举例如下。

```
>>> students={'name':'Liuyi','age':18,'sex':'男'}
>>> print(students)
{'name': 'Liuyi', 'age': 18, 'sex': '男'}
```

也可以通过 for…in 语句对字典元素进行遍历。

【语法格式】

```
for <任意变量名> in <字典名>:
语句块
```

示例代码如下。

```
>>> Dcountry={"中国":"北京", "俄罗斯":"莫斯科", "法国":"巴黎"}
>>> for key in Dcountry:
    print(key)
中国
俄罗斯
法国
```

4.3.3 修改字典元素

字典元素是可以修改的，通过键找到具体元素之后，给出一个新的元素值即可。以下字典将学员的年龄修改为 20 岁。

```
>>> students={'name':'Liuyi','age':18,'sex':'男'}
>>> students['age']=20
>>> print(students)
{'name': 'Liuyi', 'age': 20, 'sex': '男'}
```

4.3.4 添加字典元素

动态地向字典中添加元素的时候，只要添加的键在字典中不存在，就会新增这个元素。在字典中添加一个住址信息，举例如下。

```
>>> students={'name':'Liuyi','age':18,'sex':'男'}
>>> students['address']='重庆'
>>> print(students)
{'name': 'Liuyi', 'age': 18, 'sex': '男', 'address': '重庆'}
```

4.3.5 删除字典元素

删除字典元素有以下几种方法。

（1）使用 del 语句

del 语句可以通过指定键删除字典元素，如果不指定键，则删除整个字典。

【语法格式 1】

```
del 字典名[key]
```

示例代码如下。

```
>>> students={'name':'Liuyi','age':18,'sex':'男'}
>>> del students['age']
>>> print(students)
{'name': 'Liuyi', 'sex': '男'}
```

【语法格式 2】

```
del 字典名
```

示例代码如下。

```
>>> del students
>>> print(students)
Traceback (most recent call last):
  File "<pyshell#103>", line 1, in <module>
    print(students)
NameError: name 'students' is not defined
```

（2）使用 pop()方法

使用 pop()方法可以删除指定键的字典元素。

【语法格式】

```
字典名.pop(key)
```

示例代码如下。

```
>>> students={'name':'Liuyi','age':18,'sex':'男'}
>>> students.pop['age']
>>> print(students)
{'name': 'Liuyi', 'sex': '男'}
```

（3）使用 clear()方法

使用 clear()方法可以清空整个字典，被清空的字典依然存在，而用 del 语句删除的字典就不存在了。

【语法格式】

```
字典名.clear()
```

示例代码如下。

```
>>> students={'name':'Liuyi','age':18,'sex':'男'}
>>> students.clear()
>>> print(students)
{}
```

4.3.6　字典的常用函数及方法

字典的常用函数及方法如表 4-10 所示。

表 4-10　字典的常用函数及方法

函数及方法	功能	示例
len(dict)	返回字典元素个数	dict1={'name':'Tom','age':18,'sex':'男'} print(len(dict1)) 输出结果： 3
type(variable)	返回输入变量的数据类型，如果变量是字典就返回<class 'dict'>	dict1={'name':'Tom','age':18,'sex':'男'} print(type(dict1)) 输出结果： <class 'dict'>
dict.fromkeys(seq[,value])	创建一个新字典，以序列 seq 中的元素作为字典的键，value 为字典所有键对应的初始值	seq=('name','age','sex') dict1=dict.fromkeys(seq) print("新字典为：",dict1) dict2=dict.fromkeys(seq,'Liuyi') print("新字典为：",dict2) 输出结果： 新字典为:{'name': None, 'age': None, 'sex': None} 新字典为:{'name': 'Liuyi', 'age': 'Liuyi', 'sex': 'Liuyi'}

key in dict	如果键在字典 dict 里，则返回 True，否则返回 False	dict1={'name':['Tom','Liuyi'],'age':18,'sex':'男',18:19}
		if 'name' in dict1:
		print("键 name 在字典中存在")
		else:
		print("键 name 在字典中不存在")
		输出结果：
		键 name 在字典中存在

续表

函数及方法	功能	示例
dict.keys()	以列表返回一个字典的所有键	dict1={'name':['Tom','Liuyi'],'age':18,'sex':'男'} print(dict1.keys()) 输出结果： dict_keys(['name', 'age', 'sex'])
dict.values()	以列表返回一个字典中的所有值	dict1={'name':'Tom','age':18} print(dict1.values()) 输出结果： dict.values(['Tom', 18])
dict.items()	以列表返回一个字典中的所有键值对	dict1={'name':'Tom','age':18} print(dict1.items()) 输出结果： dict_items([('name', 'Tom'), ('age', 18)])
dict.get(key,default=None)	返回指定键的值，如果值不在字典中，则返回 default	dict1={'name':'Tom','age':18, 'sex': '男'} print ("age 键的值为:",dict1.get('age', 18)) print ("sex 键的值为:" ,dict1.get('sex', '男')) 输出结果： age 键的值为:18 sex 键的值为:男

【例 4-12】 字典函数的应用。

```
>>> DNobelPrize={"物理学":"杨振宁","文学":"莫言"}
>>> DNobelPrize.keys()
dict_keys(['物理学', '文学'])
>>> list(DNobelPrize.values())
['杨振宁', '莫言']
>>> DNobelPrize.items()
dict_items([('物理学', '杨振宁'), ('文学', '莫言')])
>>> '伍连德' in DNobelPrize
False
>>> DNobelPrize.get('文学', '川端康成')
'莫言'
>>> DNobelPrize.setdefault("生理学或医学","屠呦呦")
'屠呦呦'
>>> print(DNobelPrize)
{'物理学': '杨振宁', '文学': '莫言', '生理学或医学': '屠呦呦'}
```

【例 4-13】 以下程序的输出结果是（　　）。

```
d = {"Zhou":"China", "Jone":"America", "Natan":"Japan"}
print(max(d),min(d))
```

A. Japan America　　　　B. Zhou Jone

C. Zhou:China Jone:America　　　　D. China America

【解析过程】在字典中，比较各个元素的大小是通过比较键来实现的，因此该题目选 B。

【例 4-14】 已知有如下四个字典变量，通过访问字典 d 查询小红的 Python 成绩的方式是（　　）。

```
d = {"小王": stu1, "小红":stu2, "小明": stu3}
stu1 = {"name" : "小王","Python" : 86,"math" : 92}
stu2 = {"name": "小红","Python" : 96,"math" : 99}
```

```
stu3 = {"name" : "小明","Python" : 72,"math" :84}
```

【解析过程】小红的 Python 成绩存放在字典 stu2 内，而访问字典 stu2 要通过字典 d 的键“小红”。首先通过字典 d 的键“小红”访问到“stu2”，再通过字典 stu2 的键“Python”访问到值“96”。所以填空内容为“d ["小红"]["Python"]”。

【例 4-15】 提示用户输入一个 1～12 的整数表示月份，然后在控制台显示用户输入的这个月有多少天。请在代码中使用字典实现该功能。

【解析过程】

① 题目涉及月份和天数，又要求使用字典，于是将月份作为字典元素的键，天数作为对应的值，一个月份和它的天数构成一个键值对。

② 由于 2 月的天数并不固定，因此需要构建两个字典 m_d1 和 m_d2，一个存储平年的月份天数键值对，另一个存放闰年的月份天数键值对。

③ 使用选择结构对用户输入的月份进行判断。如果非 2 月，直接输出 m_d1 中月份对应的天数。如果是 2 月，再判断输入的年份，根据判断结果选择性地输出 m_d1 或 m_d2 中 2 月对应的天数。

【程序代码】

```
m=eval(input("请输入月份: "))
m_d1={1:31,2:28,3:31,4:30,5:31,6:30,7:31,8:31,9:30,10:31,11:30,12:31}
m_d2={1:31,2:29,3:31,4:30,5:31,6:30,7:31,8:31,9:30,10:31,11:30,12:31}
if m==2:
    n = eval(input("请输入年份: "))
    if n%4==0 and n%100!=0 or n%400==0:
        print("{}月有{}天".format(m,m_d2[m]))
    else:
        print("{}月有{}天".format(m, m_d1[m]))
else:
    print("{}月有{}天".format(m, m_d1[m]))
```

【运行结果】根据不同的输入，程序输出结果不通。当输入月份为 2，输入年份为平年时，输出结果如图 4-4（a）所示；当输入月份为 2，输入年份为闰年时，输出结果如图 4-4（b）所示；其他月份输出结果如图 4-4（c）所示。

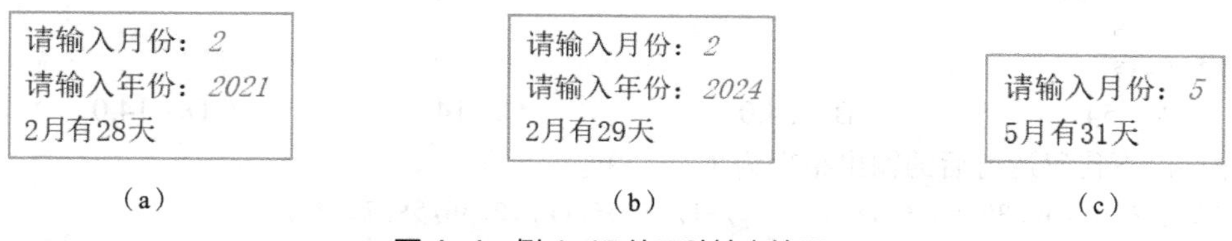

（a）　（b）　（c）

图 4-4　例 4-15 的三种输出结果

4.4　本章小结

本章主要介绍了处理多个相关数据需要使用的组合数据类型，包括序列、集合和字典。序列包括字符串、列表和元组，这类数据的元素有先后顺序，可按序号单个访问或区间访问。根据元素是否可变，又将字符串和元组称为不可变类型，列表称为可变类型。集合和字典都使用{}表示，但能用空{}创建的是字典。集合中的元素具有无序和不重复性，集合的内容可以修改。字典属于映射类型，元素由键值对构成。字典的元素是无序的，通过键访问对应的值。这些数据类型都可通过变量名整体访问或使用 for 语句进行遍历。

习题 4

一、选择题

1. 关于 Python 的列表，描述错误的选项是（　　）。

A. Python 列表是一个可以修改数据项的序列类型

B. Python 列表是包含 0 个或多个对象引用的有序序列

C. Python 列表的长度是不可变的

D. Python 列表用中括号表示

2. 下面代码的输出结果是（　　）。

```
vlist = list(range(5))
print(vlist)
```

A. 0 1 2 3 4　　B. 0,1,2,3,4,　　C. [0, 1, 2, 3, 4]　　D. 0;1;2;3;4;

3. 以下程序的输出结果是（　　）。

```
L1 =['abc', ['123','456']]
L2 = ['1','2','3']
print(L1 > L2)
```

A. 1

B. True

C. False

D. TypeError: '>' not supported between instances of 'list' and 'str'

4. 以下代码运行后的输出结果为（　　）。

```
import math
s=0
li=[4,9,16,25]
for x in li:
    a=math.sqrt(x)
    s=s+a
print(s)
```

A. 54　　B. 54.0　　C. 14　　D. 14.0

5. 以下代码运行后的输出结果为（　　）。

```
li=[86,88,56,89,58,63,81,59,70,91,76,56,62,99,86,59,71,81]
count=0
for x in li:
    if x>=60:
        count+=1
print(count)
```

A. 2

B. 18

C. 13

D. [86,88,56,89,58,63,81,59,70,91,76,56,62,99,86,59,71,81]

6. 以下代码运行后的输出结果为（　　）。

```
li=[86,88,56,89,91]
m=li[0]
pm=0
for x in li:
    if x>m:
        m=x
        pm=li.index(x)
li[pm],li[0]=li[0],li[pm]
print(li)
```

A. [56,88,56,89,91]　B. [91,88,56,89,86]　C. [86,88,56,89,56]　D. [86,88,91,89,56]

7. 关于 Python 组合数据类型，以下选项中描述错误的是（　　）。

A. Python 的 str、tuple 和 list 都属于序列类型

B. 组合数据类型可以分为 3 类：序列类型、集合类型和映射类型

C. 序列类型是二维元素向量，元素之间存在先后关系，通过序号访问

D. Python 组合数据类型能够将多个同类型或不同类型的数据组织起来，通过单一的表示使数据操作更有序、更容易

8. 以下关于字典的描述错误的是（　　）。

A. 字典可以在原来的变量上增加或缩短

B. 字典是一种无序的对象集合，通过键来存取

C. 对字典中的数据可以进行分片和合并操作

D. 字典可以包含列表和其他数据类型，支持嵌套

9. 以下关于组合数据类型的描述正确的是（　　）。

A. 映射类型的关键字只能是不可变类型的数据

B. 映射类型的关键字可以是任意类型的数据

C. 集合中的元素是有序的

D. 序列和集合中的元素都是可以重复的

10. 以下关于组合数据类型的描述错误的是（　　）。

A. 字典的 pop()方法可以返回一个键对应的值，并删除该键值对

B. 空字典和空集合都可以用大括号来创建

C. 可以用大括号创建字典，用中括号增加新元素

D. 嵌套的字典可以用来表达高维数据

二、填空题

1. 将用户输入文本中的非英文字母替换成“*”，并按输入顺序输出。例如，输入“12aA3b4B5”，则输出“**aA*b*B*”。

```
s =[填空 1] ("输入一个字符串")
y = ""
for k in [填空 2]:
    m=k. [填空 3]
    if "A"<= m<="Z":
        y = y+[填空 4]
    else:
        y = y+[填空 5]
```

```
print("替换后的字符串为:",y)
```

2. 以论语中的一句话作为字符串变量 s，补充程序，分别输出字符串 s 中字符和标点符号的个数。

```
s = "学而时习之，不亦说乎？有朋自远方来，不亦乐乎？人不知而不愠，不亦君子乎？"
n= [填空 1]
m=0
[填空 2] i [填空 3] s:
[填空 4] i=='，' or i=='？' or i=='。' or i=='！':
    m+=1
[填空 5]:
    n+=1
print("字符数为{}，标点符号数为{}。".format(n, m))
```

3. 程序产生 10 个[50,99]上的随机整数放入列表，输出列表；将生成的列表循环右移。例如，假设列表为[1,2,3,4,5]，循环右移之后为[5,1,2,3,4]。

```
import random
a=[random. [填空 1] (50,99) for i in range(10)]
print('随机生成的 10 个整数为：',a)
x=a[-1]
a. [填空 2] (-1)
a.insert([填空 3], [填空 4])
print('右移后的列表为： '.format([填空 5]))
```

三、程序设计题

1. 随机产生 10 个[70,100]上的数并输出，找出其中的最小值及其第一次出现的位置。

2. 输入 10 个学生的成绩，找出最接近平均值的元素。

3. 求列表中元素的平均值、标准差和中位数。设列表元素为 53, 76, 98, 31, 10, 44, 57, 69, 28, 17。

4. 创建一个名为 favorite_places 的字典。在这个字典中，将三个人的名字作为键，为其中的每个人存储一个喜欢的地方。

5. 创建多个字典，每个字典都以一个宠物的名字来命名；每个字典中存储宠物的类型及其主人的名字。将这些字典存储在一个名为 pets 的列表中，再遍历该列表，并将宠物的所有信息输出。

第 5 章
函数

前面的章节已经介绍过大量的函数，如 abs()、eval()、len()、ceil()和 randint()等。这些函数在 Python 中属于不同的类别。Python 将函数分为以下四类。

（1）内置函数：Python 内置了若干常用函数，如 abs()、len()等，在程序中可以直接使用。

（2）标准库函数：Python 安装程序会同时安装若干标准库，如 math 库、random 库等。通过 import 语句可以导入标准库，然后使用其中定义的函数。

（3）第三方库函数：Python 社区提供了其他高质量的库，如 Python 图像库等。下载安装这些库后，通过 import 语句可以导入库，然后使用其中定义的函数。第三方库可以通过 pip 工具、Python 命令或 Python 开发工具进行安装。

（4）用户自定义函数：根据需求，用户可以自行编写能够完成某个特定功能的函数。

本章将详细讨论用户自定义函数的定义和调用方法。

5.1 函数定义

【例 5-1】已知多边形各条边的长度，计算多边形的面积。多边形的相关数据如图 5-1 所示。

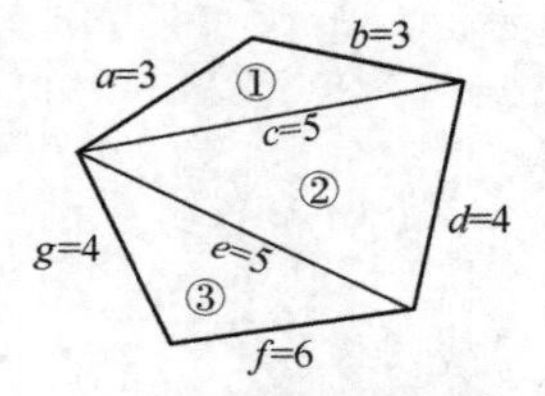

图 5-1 待计算面积的多边形

【解析过程】可通过计算①、②和③三个三角形的面积之和求得多边形的面积。又已知每个三角形的三边，因此使用三次海伦公式完成计算。

【程序代码】

```
import math
a,b,c,d,e,f,g = 3,3,5,4,5,6,4
p1 = (a + b + c) / 2
s1 = math.sqrt (p1 * (p1 - a) * (p1 - b) * (p1 - c))
p2 = (c + d + e) / 2
s2 = math.sqrt (p2 * (p2 - c) * (p2 - d) * (p2 - e))
p3 = (e + f + g) / 2
s3 = math.sqrt(p3 * (p3 - e) * (p3 - f) * (p3 - g))
print(s1 + s2 + s3)
```

【运行结果】

```
23.232499794348143
```

由此可见，上面的代码确实可以实现题目要求的功能，但是也存在不足。很明显，计算三角形面积的代码被书写了三次。因为这三次计算中的量不是规律变化的，所以也不能使用循环结构来避免重复。

需要重复使用能完成某个特定功能的多条语句时，就可以考虑将这些语句做成用户自定义函数，每次就像使用 Python 自带的函数那样直接调用，这样就可以避免重复书写代码。

5.1.1 函数的功能

程序中函数的功能如下。

（1）实现结构化程序设计。通过把程序分割为不同的功能模块，可以实现自顶向下的结构化程序设计。

（2）降低程序的复杂度。使用函数有利于简化程序的结构，提高程序的可阅读性。

（3）实现代码的复用。函数可以一次定义多次调用。

（4）提高代码的质量。实现分割后，子任务的代码相对简单，易于开发、调试、修改和维护。

（5）协作开发。将大型项目分割成不同的子任务后，团队可以分工合作。

5.1.2 函数定义语法

函数的应用从定义开始。

【语法格式】

```
def  函数名(<参数列表>):          #参数列表为可选项
```

```
<函数体>
    return <返回值列表>          #return 语句为可选项
```

def 是函数定义的关键字，表示函数的框架从这里开始。

函数的命名规则与第 2 章中变量的命名规则相同。

函数内用到的需要从函数外得到值的变量称为参数，其名称需要写到参数列表中。如果没有变量，需要从函数外得到值，这部分可以省略。

函数体部分是实现特定功能的语句组。

return 后面是执行完函数体后需要传送到函数外的计算结果。如果没有需要传送到函数外的计算结果，这部分可以省略。如果有需要传送到函数外的计算结果，这个就是函数的返回值，需要在函数中使用 return 语句。return 语句有两个功能，一个是结束函数，另一个就是将返回值传递到调用函数的地方。如果只出现 return 语句，则表示返回值为 None。

【例 5-2】 使用函数输出“hello, world!”。

【程序代码】

```
def Phw():
    print('hello, world!')
```

5.1.3 函数定义步骤

【例 5-3】 编写已知三边求三角形面积的函数。

【解析过程】

① 搭建框架：“def 函数名():”。

```
def tri_area():
```

② 函数体：完成功能的语句组。

```
p= (a + b + c) / 2
s= (p * (p - a) * (p - b) * (p - c))**0.5
```

③ 确定参数：需要从函数外得到值的变量。

```
(a,b,c)
```

④ 确定返回值：需要传送到函数外的计算结果。

```
return s
```

【程序代码】

```
def tri_area(a,b,c):
  p= (a + b + c) / 2
  s= (p * (p - a) * (p - b) * (p - c))**0.5
  return s
```

5.2 函数调用

函数仅仅定义了还不能发挥作用，必须通过函数调用才能被执行。调用一个函数需要知道函数的名称和函数的参数。

【语法格式】

```
函数名(<参数列表>)
```

5.2.1 两种调用方式

根据被调用函数是否有返回值，有两种函数调用方式。

（1）有返回值函数的调用方式

当被调用函数有返回值时，函数相当于表达式，需要放在赋值表达式中、print()函数中，或其他可以使用表达式的地方。举例如下。

```
def P_name(name):
    str1='Hello,' + name
    return str1
print(P_name('小明'))
```

（2）无返回值函数的调用方式

无返回值函数的调用方式举例如下。

```
def P_name(name):
    print('Hello, ',name)
P_name('小明')
```

5.2.2 别名调用

函数名其实就是指向一个函数对象的引用。可以把函数名赋值给一个变量，这相当于给这个函数起了一个别名。举例如下。

```
hd={315,404,501,601,701,801,1001}
length_hd=len
num=length_hd(hd)
print('hd集合的元素个数为: ',num)
```

其中，变量名 length_hd 指向 len()函数，是该函数的别名。当需要使用 len()函数时，用 length_hd 引用也可以。

5.2.3 参数传递

1. 参数的含义

参数的名称不同，作用也不同。定义函数时括号里的参数叫形式参数，简称为形参，形参本身没有值；调用函数时括号里的参数叫实际参数，简称为实参。

2. 参数传递的方向

参数传递只有一个方向，就是从实参传递到形参。

3. 参数传递的方式

Python 程序中，根据实参的类型不同，函数参数的传递方式分为值传递和地址传递。当实参为不可变对象（包括常量、数值类型变量、字符串变量和元组变量）时，传递方式为值传递；当实参为可变对象（包括列表变量、字典变量等）时，传递方式为地址传递。

（1）值传递

值传递方式下，形参在函数的存储空间中单独开辟空间存储实参传递过来的值。这个时候，形参和实参各自使用自己的空间，互不影响。如果在函数中更改了形参的值，不会对实参产生影响。例如，以下代码的输出结果如图 5-2 所示。从结果中可看出，swap()函数对形参的修改并未影响实参。

```
def swap(a , b) :     #值传递，形参是局部变量
```

```
        # 下面代码实现变量a、b的值交换
        a, b = b, a
        print("swap()函数中，a的值是", a, "; b的值是", b)
a = 5
b = 8
swap(a , b)
print("主程序中，变量a的值是",a , "; 变量b的值是", b)
```

```
swap()函数中，a的值是 8 ; b的值是 5
主程序中，变量a的值是 5 ; 变量b的值是 8
```

图 5-2　值传递时形参与实参的变化

（2）地址传递

地址传递方式下，实参将自己的空间地址传递给形参，让形参与自己共用一个空间。如果在函数中更改了形参的值，实参的值也就被修改了。例如，以下代码的输出结果如图 5-3 所示。从结果中可看出，swap()函数对形参的修改也影响了实参。

```
def swap(dw):#地址传递，共用一个空间
        # 下面代码实现dw的a、b两个元素的值交换
        dw['a'], dw['b'] = dw['b'], dw['a']
        print("swap()函数中，a元素的值是",dw['a'], "; b元素的值是", dw['b'])
dw = {'a': 5, 'b': 8}
swap(dw)
print("主程序中，a元素的值是",dw['a'], "; b元素的值是", dw['b'])
```

```
swap()函数中，a元素的值是 8 ; b元素的值是 5
主程序中，a元素的值是 8 ; b元素的值是 5
```

图 5-3　地址传递时形参与实参的变化

4. 参数类别

（1）必备参数

函数定义中允许有多个形参，因此调用函数时括号里可能有多个实参。在普通情况下，实参和形参按位置顺序对应，一个实参对应一个形参，不能省略。以下代码中，第一个实参的值传递给第一个形参，第二个实参的值传递给第二个形参，一一对应，不可或缺。

```
#定义一个函数，输出宠物叫声
def bark(pet1,pet2):
    print(pet1+"汪汪叫，",pet2+"喵喵叫")
#调用函数，并传入两个参数
bark('dog','cat')
```

（2）关键字参数

在调用函数时将形参的名称和实参的值关联起来，实参按指定名称传递，这样的参数称为关键字参数。使用关键字参数允许调用函数时参数的顺序与定义时不一致，因为 Python 解释器能够用参数名匹配参数值。以下代码在调用函数时将值“cat”指定给了形参 pet2，值“dog”指定给了形参 pet1。

```
#定义一个函数，输出宠物叫声
def bark(pet1,pet2):
```

```
    print(pet1+"汪汪叫，"pet2+"喵喵叫")
#调用函数，并传入两个参数
bark(pet2='cat', pet1='dog')
```

（3）带默认值参数

定义函数的时候，可以给每个形参指定一个默认值。当调用函数时，如果没有传入实参，就使用形参的默认值；如果传入了实参，就使用传入的实参。以下代码定义函数时给 pet2 指定了默认值，因此在调用函数时可以省略对 pet2 的参数传递。

```
#定义一个函数，输出宠物叫声
def bark(pet1,pet2='cat'):
    print(pet1+" 汪汪叫，"pet2+" 喵喵叫")
#调用函数，并传入一个参数
bark('dog')
```

（4）不定长参数

如果函数需要处理的参数个数不确定，则可以使用不定长参数。

【语法格式】

```
def FunctionName(<formal_args>,*var_args_tuple,**var_args_dict):
<function_suite>
return <expression>
```

其中，带*的形参会以元组类型存放所有未命名的实参，带**的形参会以字典类型存放所有命名的实参。举例如下。

```
def test(a,b,c,*tup_args,**dict_args):
    print(a)
    print(b)
    print(c)
    print(tup_args)
    print(dict_args)
test(1,2,3,'a1','a2','a3',name='Liuyi',age='18')
```

实参 1、2、3 传递给了形参 a、b、c；'a1'、'a2'、'a3'这三个实参未命名，全部传递给带*的形参 tup_args；“name='Liuyi',age='18'”这两个实参有命名，传递给带**的形参 dict_args。代码的输出结果如图 5-4 所示。

```
1
2
3
('a1', 'a2', 'a3')
{'name': 'Liuyi', 'age': '18'}
```

图 5-4　不定长参数示例代码运行结果

5. 函数调用步骤

【例 5-4】 求多边形面积，其中的三角形面积使用例 5-3 编写的函数来计算。

【解析过程】已知三角形面积求解函数如下。

```
def tri_area(a,b,c);
p= (a + b + c) / 2
   s= (p * (p - a) * (p - b) * (p - c))**0.5
   return s
```

在这个函数的基础上，通过以下三个步骤完成函数的调用。

① 确定调用方式

根据函数是否有返回值，确定函数的调用方式。当前函数有返回值，因此考虑将该函数调用放到赋值表达式中。

```
s1= tri_area()
s2= tri_area()
s3= tri_area()
```

② 确定参数

题目中，分别需要求三个三角形面积，因此将三个三角形的三边分别作为实参放到调用函数处。

```
s1= tri_area(a,b,c)
s2= tri_area(b,a,c)
s3= tri_area(e,f,g)
```

③ 确定参数传递方式

题目中，实参均为不可变对象，因此是值传递。

【程序代码】

```
def tri_area(x,y,z):
        p= (x + y + z) / 2
        s= (p * (p -x) * (p - y) * (p - z))**0.5
        return s
a,b,c,d,e,f,g = 3,3,5,4,5,6,4
s1= tri_area(a,b,c)
s2= tri_area(c,d,e)
s3= tri_area(e,f,g)
print(s1 + s2 + s3)
```

【运行结果】

```
23.232499794348143
```

程序执行时，从“a,b,c,d,e,f,g = 3,3,5,4,5,6,4”开始，当遇到“s1= tri_area(a,b,c)”时，程序流程转到函数“def tri_area(x,y,z):”，同时，将实参 a、b、c 的值分别传给形参 x、y、z。执行函数体，遇到 return 语句时，返回 s 值到调用函数处，同时结束 tri_area()函数，程序流程回到调用语句。以此类推，三次调用 tri_area()函数后，输出三个面积的和。

5.3 变量的作用域

作用域就是变量的有效范围，决定变量可以在哪个范围内被使用。变量的作用域由变量的定义位置决定，在不同位置定义的变量，其作用域是不一样的。从作用域的角度，变量分为局部变量和全局变量。定义在函数内部的变量称为局部变量，拥有在函数内的局部作用域。定义在函数外部的变量称为全局变量，拥有全局作用域。

5.3.1 局部变量

局部变量，就是在函数内部定义的变量。当函数被执行时，Python 会为其分配一块临时的存储空间，所有在函数内部定义的变量，都会存储在这块空间中。不同的函数，可以定义相同的名字的局部变量，相互之间不会产生影响。

【例 5-5】 观察以下程序的运行结果。

```
def test01():
    a=10
    print('test01 修改前的 a={}'.format(a))
    print('test01 修改前{}的存储地址{}'.format(a,id(a)))
    a=20
    print('test01 修改后的 a={}'.format(a))
    print('test01 修改后{}的存储地址{}'.format(a,id(a)))
def test02():
    a=40
    print('test02 的 a={}'.format(a))
    print('test02 中{}的存储地址{}'.format(a,id(a)))
test01()
test02()
```

例 5-5 的运行结果如图 5-5 所示。程序从“test01()”开始执行，进入 test01()函数，在 test01()函数的存储空间中，a 指向存储 10 的空间，当给 a 重新赋值时，a 重新指向存储 20 的空间。因此前后输出 a 指向的空间地址不同。test01()函数执行完后，释放占用的空间，程序流程回到主程序。程序执行“test02()”，进入 test02()函数，在 test02()函数的存储空间中，a 指向存储 40 的空间，输出相应内容后，test02()函数执行完，释放占用的空间，程序流程回到主程序。test01()和 test02()两个函数内的 a 互不影响。

```
test01修改前的a=10
test01修改前10的存储地址140720052946880
test01修改后的a=20
test01修改后20的存储地址140720052947200
test02的a=40
test02中40的存储地址140720052947840
```

图 5-5 局部变量

5.3.2 全局变量

全局变量是定义在函数外部的变量，拥有全局作用域。例 5-6 代码中的“a=50”语句，就定义了一个全局变量 a。

【例 5-6】 观察以下程序的运行结果。

```
a=50
def test01():
    a=10
    print('我是 test01 修改前的 a={}'.format(a))
    print(id(a))
    a=20
    print('我是 test01 修改后的 a={}'.format(a))
    print(id(a))
def test02():
    a=40
    print('我是 test02 的 a={}'.format(a))
print(id(a))
test01()
```

```
test02()
print('我是全局变量a={}'.format(a))
print(id(a))
```

例5-6的运行结果如图5-6所示。程序从“a=50”开始执行，a为全局变量，指向主程序中存储50的空间。然后执行“test01()”，进入test01()函数，在函数内局部变量a屏蔽全局变量a，这时在函数内修改的都是局部变量a。test01()函数执行完后，释放占用的空间，局部变量也被释放，程序流程回到主程序。程序执行“test02()”，进入test02()函数，在test02()函数的存储空间中，同样，局部变量a屏蔽全局变量a，test02()函数内修改的依然是局部变量a。当程序流程回到主程序使用a时，用到的是全局变量a，这个变量没有被修改。图5-6中各个a的地址清楚地说明它们之间是没有关联的。

```
test01修改前的a=10
test01修改前10的存储地址140719940552640
test01修改后的a=20
test01修改后20的存储地址140719940552960
test02的a=40
test02中40的存储地址140719940553600
全局变量a=50
全局变量的存储地址140719940553920
```

图5-6 全局变量

5.3.3 关键字global

如果需要在函数内部修改全局变量，可以使用关键字global。

【例5-7】 观察以下程序的运行结果。

```
a=50
print('初始全局变量a={}'.format(a))
print('初始全局变量a的存储地址{}'.format(id(a)))
def test01():
    global a
    a=100
    print('在test01内修改后的a={}'.format(a))
    print('函数内全局变量a的存储地址{}'.format(id(a)))
test01()
print('函数调用后的全局变量a={}'.format(a))
print('函数调用后全局变量a的存储地址{}'.format(id(a)))
```

例5-7的运行结果如图5-7所示。从结果中可以看出，在test01()函数中使用了关键字global之后，函数中的a和主程序中的a指向的是同一个存储空间，这就意味着在函数中实现了对全局变量的修改。

```
初始全局变量a=50
初始全局变量a的存储地址140720052948160
在test01内修改后的a=100
函数内全局变量a的存储地址140720052949760
函数调用后的全局变量a=100
函数调用后全局变量a的存储地址140720052949760
```

图5-7 使用了关键字global的全局变量

变量作用域的使用总结如下。

（1）使用函数时，会引入新的作用域。

（2）在函数内部可以直接使用全局变量，但是如果使用全局变量的是定义语句（如 a=10），则为定义一个局部变量，该局部变量将屏蔽全局变量。

（3）如果要在函数内部通过赋值语句修改全局变量，则要使用关键字 global。

5.4 特殊函数

5.4.1 匿名函数

在定义函数的过程中没有给定名称的函数叫作匿名函数。Python 程序中使用 lambda 表达式来创建匿名函数。

lambda 创建匿名函数规则如下。

（1）lambda 只是一个表达式，函数体比用 def 定义函数简单很多。

（2）lambda 的主体是一个表达式，而不是一个代码块，所以不能包含过于复杂的逻辑。

（3）lambda 表达式拥有自己的命名空间，且不能访问自有参数列表之外或全局命名空间里的参数。

（4）lambda 定义的函数的返回值就是表达式的返回值，不需要 return 语句。

（5）lambda 表达式的主要应用场景是赋值给变量、将其他函数作为参数传入。

【语法格式】

```
lambda 参数列表：表达式
```

示例代码如下。

```
>>> f=lambda x,y:x+y
>>> type(f)
<class 'function'>
>>> print(f(2,3))
5
```

lambda 表达式适用于定义简单的、能够在一行内表示的函数，返回一个函数类型。上面代码中的 f 就是一个有两个参数的函数类型对象。

5.4.2 嵌套函数

嵌套函数指的是程序调用函数 1 时，在函数 1 中又在调用函数 2，这个时候就形成了嵌套函数，如图 5-8 所示。

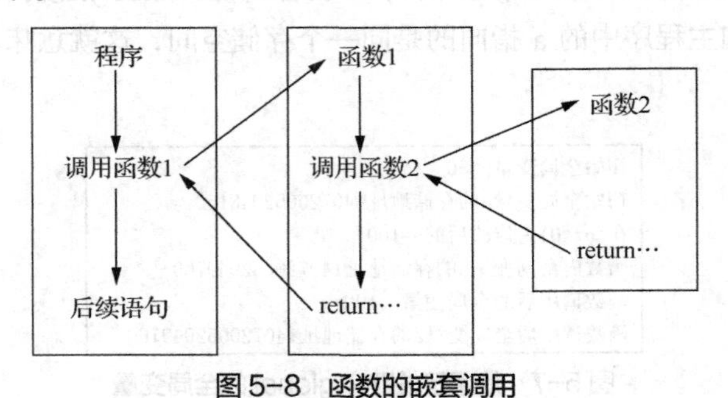

图 5-8 函数的嵌套调用

【例 5-8】 输入 n 和 m 的值，计算 $c_n^m = \dfrac{n!}{m!(n-m)!}$。

【解析过程】题目中需要完成两个计算，一个是阶乘的计算，另一个是组合数的计算。因此分别设计两个函数，fact()函数完成阶乘的计算，comb()函数完成组合数的计算。comb()函数在计算组合数时，调用 fact()函数。

【程序代码】

```
def fact(x):
    p = 1
    for i in range(1,x+1):
        p = p * i
    return p
def comb(n , m):
    c =fact(n) / (fact(m)  * fact(n - m))
    return c
n=eval(input('请输入组合问题的n值：'))
m=eval(input('请输入组合问题的m值：'))
print(comb(n,m))
```

【运行结果】

```
请输入组合问题的n值：5
请输入组合问题的m值：3
10.0
```

5.4.3　递归函数

递归就是子程序（或函数）直接调用自己或通过一系列调用语句间接调用自己，是一种描述问题和解决问题的基本方法。

数学上有个经典的递归例子叫阶乘，阶乘通常定义为

$$n! = n(n-1)(n-2)\cdots(1) \tag{5-1}$$

阶乘的第二种表达方式为

$$n! = \begin{cases} 1 & n = 1 \\ n(n-1)! & n \neq 1 \end{cases} \tag{5-2}$$

式 5-2 就适于使用递归函数求解。使用递归函数求解的问题需要满足 2 个关键特征。

（1）存在一个或多个基例来结束递归链，它是确定的表达式。例如，n=0 时 n!=1 就是基例。

（2）除基例外，存在递归公式。例如，$n!=n(n-1)!$。

【例 5-9】 编写代码，通过递归函数求输入数据的阶乘。

【解析过程】根据式 5-2，在函数内采用选择结构。n=1 时为基例，用于停止递归，其他情况则继续递归。

【程序代码】

```
def fact(n):
    if n == 1:
        return 1
    else:
        return n * fact(n-1)
num = eval(input("请输入一个整数："))
print(fact(abs(int(num))))
```

【运行结果】

```
请输入一个整数：5
120
```

5.5 本章小结

本章首先介绍了使用函数的起因，当用户需要在不同地方用到完成同一个功能的语句组时，可以将这个语句组定义为一个函数，通过调用函数实现代码的复用；接着总结了函数的功能，重点介绍了函数定义的语法和步骤，在介绍函数调用时，提到需要根据函数是否有返回值来确定调用方式，并重点介绍了函数的参数传递；然后对变量的作用域进行了讲解，最后介绍了三类特殊函数：匿名函数、嵌套函数和递归函数。

习题 5

一、选择题

1. 以下关于 Python 标准库和第三方库的描述错误的是（　　）。
   A. 第三方库有三种安装方式，最常用的是 pip 工具
   B. 标准库里的函数不需要 import 就可以调用
   C. 第三方库需要单独安装才能使用
   D. 标准库跟第三方库发布方法不一样，是与 Python 安装包一起发布的
2. 关于函数作用的描述，以下选项中错误的是（　　）。
   A. 复用代码　　B. 降低编程复杂度
   C. 提高代码执行速度　　D. 增强代码的可读性
3. 关于函数，以下选项中描述错误的是（　　）。
   A. Python 使用关键字 del 定义一个函数
   B. 函数是具有特定功能的、可重用的语句组
   C. 使用函数的主要目的是降低编程难度和减少代码重用
   D. 函数能完成特定的功能，使用函数不需要了解函数内部的实现原理，只要了解函数的输入和输出方式即可
4. 以下关于 Python 函数使用的描述错误的是（　　）。
   A. Python 程序里一定要有一个主函数
   B. 函数定义是使用函数的第一步
   C. 函数执行结束后，程序执行流程会自动返回到函数被调用的语句
   D. 函数被调用后才能执行
5. Python 程序中，函数定义可以不包括（　　）。
   A. 一对小括号　　B. 可选参数列表
   C. 函数名　　D. 关键字 def
6. 可变参数*args 传入函数时存储的类型是（　　）。
   A. tuple　　B. dict　　C. list　　D. set

7. 关于形参和实参的描述，以下选项中正确的是（　　）。

A. 函数定义中参数列表里面的参数是实际参数，简称实参

B. 函数调用时，实参默认按照位置顺序传递给函数，Python 也提供了按照形参名称输入实参的方式

C. 参数列表中给出要传入函数的参数，这类参数称为形式参数，简称形参

D. 程序在调用函数时，将形参复制给函数的实参

8. 以下关于 Python 函数变量描述错误的是（　　）。

A. 整型变量仅在函数内部创建和使用，函数退出后变量被释放

B. 浮点型变量在函数内部用关键字 global 声明后，函数退出后该变量保留

C. 全局变量指在函数之外定义的变量，在程序执行全过程有效

D. 对于组合数据类型的全局变量，如果在函数内部没有被真实创建的同名变量，则在函数内部不可以直接使用并修改全局变量的值

9. 假设函数中没有关键字 global，关于改变参数值的方法，以下选项中错误的是（　　）。

A. 参数是 list 类型时，改变原参数的值

B. 参数的值是否改变与函数中对变量的操作有关，与参数类型无关

C. 参数是组合类型（可变对象）时，改变原参数的值

D. 参数是 int 类型时，不改变原参数的值

10. 关于下面代码的描述，错误的是（　　）。

```
n = 1
def func(a,b):
    c = a * b
    return c
s = func("Hello",2)
print(c)
```

A. n 是一个全局变量

B. c 是一个局部变量

C. 运行结果是出错，出错类型是 NameError: name 'c' is not defined

D. 输出字符串："HelloHello"

11. 以下程序的输出结果是（　　）。

```
ls = ["F","f"]
def fun(a):
    ls.append(a)
    return
fun("C")
print(ls)
```

A. 出错　　B. ['F', 'f']　　C. ['F', 'f', 'C']　　D. ['C']

12. 以下程序的输出结果是（　　）。

```
def f(x, y = 0, z = 0):
    pass
f(1, , 3)
```

A. 出错　　B. None　　C. not　　D. pass

13. 以下程序的输出结果是（　　）。

```
def change(a,b):
    a = 10
    b += a
a = 4
b = 5
change(a,b)
print(a,b)
```

A. 4 15　　B. 10 15　　C. 4 5　　D. 10 5

14. 以下程序的输出结果是（　　）。

```
fr = []
def myf(fa):
    fa = ['12','23']
    fr = fa
myf(fr)
print( fr)
```

A. 12 23　　B. '12', '23'　　C. []　　D. ['12', '23']

15. 以下程序的输出结果是（　　）。

```
def f(li):
    m=li[0]
    for x in li:
            if x<m:
                m=x
    return m
a=[86,88,56,89,58,63,81,59,70,91,76,56,62,99,86,59,71,81]
print(f(a))
```

A. 86　　B. 91　　C. 99　　D. 56

二、程序设计题

1. 编写代码，计算 1/1!+1/2!+1/3!+⋯+1/10!，其中阶乘功能用函数实现。

2. 编写代码，求列表[33, 76, 89, 21, 10, 44, 57, 69, 28, 71]中前 3 个、前 6 个及全部元素的和，其中求和功能用函数实现。

3. 编写 multi()函数，参数个数不限，返回所有参数的乘积。

4. 定义一个函数，实现两个数的四则运算。提示：函数使用 3 个参数，分别是运算符和两个运算数。

5. 斐波那契数列：1,1,2,3,5,8,13,21,⋯。请定义一个递归函数求取斐波那契数列。提示：递归函数中基例为 $F(0)=1$，$F(1)=1$；递归公式为 $F(n)=F(n-1)+F(n-2)$（$n\geqslant 2$）。

第 6 章 文件操作

程序中的待处理数据通常都是通过键盘输入，处理后再经过显示器输出，如图 6-1 所示。在程序运行时，数据保存在内存中，内存中的数据在程序运行结束或关机后就会消失。所以，如果存在需要重用的数据，或者有大量数据需要输入程序，就需要把数据存储在不易失存储介质中，如硬盘、光盘或 U 盘。不易失存储介质中的数据保存在以存储路径标识的文件中。文件输入/输出方式如图 6-2 所示。

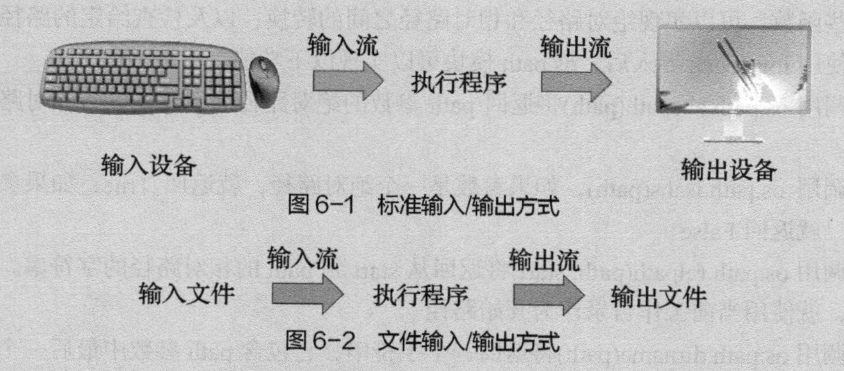

图 6-1 标准输入/输出方式

图 6-2 文件输入/输出方式

Python 支持从文件中读入数据和向文件写出数据。本章将介绍 Python 的文件操作，重点包括文件的概念、文件的读/写操作及文件的目录管理等内容。

6.1 文件概述

6.1.1 文件类别

文件是存储在辅助存储器上的数据序列，可以包含任何数据内容，如文本、图像、音频、视频等。根据存储格式不同，文件可分为两种类型：文本文件和二进制文件。

（1）文本文件

文本文件一般由采用特定编码方式的字符组成，如 UTF-8、ASCII、Unicode 等，内容容易统一展示和阅读。大部分文本文件都可以通过文本编辑软件或文字处理软件创建、修改和阅读。例如，Windows 记事本创建的.txt 文件就是典型的文本文件，以.py 为扩展名的 Python 源文件、以.html 为扩展名的网页文件等也都是文本文件。由于文本文件经过了编码，因此，它也可以被看作存储在磁盘上的长字符串。常见的文本编辑软件有记事本、Notepad++等。

（2）二进制文件

二进制文件存储的是由 0 和 1 组成的二进制编码，文件内部数据的组织格式与文件用途有关。典型的二进制文件包括.bmp 图片文件、.avi 视频文件、各种计算机语言编译后生成的文件等。二进制文件和文本文件的主要区别在于是否有统一的字符编码。二进制文件由于没有统一字符编码，只能当作字节流，而不能看作字符串。

无论是文本文件还是二进制文件，都可以用“文本文件方式”和“二进制文件方式”打开，但打开后的操作是不同的。

6.1.2 文件路径

文件有两个关键属性，分别是“文件名”和“文件路径”。其中，文件名指的是为每个文件设定的名称。对文件进行创建或访问时，都需要用到文件路径，也就是文件存储的位置或即将存储的位置。文件路径分为相对路径和绝对路径两种。相对路径相对于当前工作目录，即程序所在路径，也就是当前程序存储的位置，如果文件和程序存储在同一个文件夹中，那么创建或访问文件时，可以直接写文件名。绝对路径从根文件夹开始，Windows 操作系统中以盘符（如 C：、D：）作为根文件夹，而 macOS 或 Linux 操作系统中以“/”作为根文件夹。

Python 的 os 模块是基本操作系统功能模块，包括对文件的一些操作。其中 os.path 模块提供了一些函数，可以实现绝对路径和相对路径之间的转换，以及检查给定的路径是否为绝对路径。使用 import os 导入后，os.path 模块可以实现以下功能。

（1）调用 os.path.abspath(path)将返回 path 参数的绝对路径的字符串，将相对路径转换为绝对路径。

（2）调用 os.path.isabs(path)，如果参数是一个绝对路径，就返回 True；如果参数是一个相对路径，就返回 False。

（3）调用 os.path.relpath(path, start)将返回从 start 到 path 的相对路径的字符串。如果没有提供 start，就使用当前工作目录作为开始路径。

（4）调用 os.path.dirname(path)将返回一个字符串，它包含 path 参数中最后一个斜杠之前的所有内容；调用 os.path.basename(path)将返回一个字符串，它包含 path 参数中最后一个斜杠之后的所有内容。

6.1.3　文件的编码方式

在对文件进行操作前，还需要说明一下文件的编码方式。编码就是用数字来表示符号和文字，它是符号、文字存储和显示的基础。计算机中有很多种文件编码方式，最初是用于存储西文字符的 ASCII，随着信息技术的发展，汉语、日语、阿拉伯语等不同语系的文字都需要进行编码，于是又有了 GB2312、GBK、Unicode、UTF-8 等编码方式。

（1）ASCII 编码方式

ASCII（American Standard Code for Information Interchange，美国信息交换标准代码）用 7 位二进制进行编码，能表示的字符数量为 2^7=128 个字符。

（2）GB2312 编码方式

GB2312 全称为信息交换用汉字编码字符集（GB/T 2312—1980），于 1980 年发布，主要用于计算机系统中的汉字处理。GB2312 主要收录了 6763 个汉字、682 个符号。GB2312 覆盖了现代常用的大部分汉字，但不能处理古汉语等方面的罕用字。

（3）GBK 编码方式

GBK 全称为汉字内码扩展规范，于 1995 年制定。它主要是扩展了 GB2312，在其基础上又加了更多的汉字，共收录了 2 万多个汉字。

（4）Unicode 编码方式

Unicode 是国际组织制定的可以容纳世界上所有文字和符号的字符编码方式。Unicode 被设计成固定 2 字节，所有的字符都用 16 位（2^{16}=65536）表示，包括先前只占 8 位的英文字母等。Unicode 经常被用于编码转换的中介，即先把一种编码方式的字符串转换成 Unicode 字符串，再转换成其他编码方式的字符串。

（5）UTF-8 编码方式

对于英文字母，Unicode 也需要用 2 字节来表示，所以 Unicode 编码方式不便于传输和存储。UTF 编码方式因此诞生。UTF-8（8-bit Unicode Transformation Format，8 位 Unicode 转换格式）对全世界所有国家的字符都进行了编码，可以表示所有语言的字符，是一种不定长编码方式，用 8 位二进制（1 字节）表示西文字符（兼容 ASCII），以 24 位（3 字节）表示中文及其他文字。若文件使用了 UTF-8 编码方式，在各种语言的平台（如中文操作系统、英文操作系统、日文操作系统等）上都可以显示相应的文字。Python 源代码默认的编码方式是 UTF-8。

6.2　常规文件操作

Python 对文件的操作通常按照以下 3 个步骤进行。读写文件前需要请求操作系统打开一个文件对象（通常称为文件描述符）；然后，通过操作系统提供的接口从这个文件对象中读取数据（读文件），或者把数据写入这个文件对象（写文件）；最后关闭文件对象。

6.2.1　文件操作通用语句

文件操作通用语句介绍如下。

（1）使用 open()函数打开（或建立）文件，返回一个 file 对象。

【语法格式】

```
fileobj = open(filename[,mode])
open(file_name [, access_mode] [, buffering] [, encoding])
```

【参数说明】

- filename：filename 变量存储了待访问文件的名称。
- mode：mode 决定了文件访问模式（只读、写入、追加等），如表 6-1 所示。这个参数不是必选参数，省略时默认文件访问模式为只读（r）。选用访问模式时，可参考图 6-3，按各个模式的功能进行选择。
- buffering：如果 buffering 的值被设为 0，就不会有寄存；如果 buffering 的值取 1，访问文件时会寄存行。如果将 buffering 的值设为大于 1 的整数，即为寄存区的大小；如果 buffering 取负值，寄存区的大小则为系统默认值。
- encoding：表示返回的数据采用何种编码方式。

表 6-1　文件访问模式

模式	描述
t	文本模式（默认）
x	写模式。新建一个文件，如果该文件已存在则会报错
b	二进制模式。打开一个文件进行更新（可读可写）
u	通用换行模式（不推荐）
r	以只读方式打开文件。文件指针将会放在文件的开头。这是默认模式
rb	以二进制格式打开一个文件用于只读。文件指针将会放在文件的开头。这是默认模式，一般用于非文本文件，如图片等
r+	打开一个文件用于读写。文件指针将会放在文件的开头
rb+	以二进制格式打开一个文件用于读写。文件指针将会放在文件的开头。一般用于非文本文件，如图片等
w	打开一个文件只用于写入。如果该文件已存在则打开文件，并从开头开始编辑，即原有内容会被删除。如果该文件不存在，创建新文件
wb	以二进制格式打开一个文件只用于写入。如果该文件已存在则打开文件，并从开头开始编辑，即原有内容会被删除。如果该文件不存在，创建新文件。一般用于非文本文件，如图片等
w+	打开一个文件用于读写。如果该文件已存在则打开文件，并从开头开始编辑，即原有内容会被删除。如果该文件不存在，创建新文件
wb+	以二进制格式打开一个文件用于读写。如果该文件已存在则打开文件，并从开头开始编辑，即原有内容会被删除。如果该文件不存在，创建新文件。一般用于非文本文件，如图片等
a	打开一个文件用于追加。如果该文件已存在，文件指针将会放在文件的结尾。也就是说，新的内容将被写在已有内容之后。如果该文件不存在，创建新文件进行写入
ab	以二进制格式打开一个文件用于追加。如果该文件已存在，文件指针将会放在文件的结尾。也就是说，新的内容将被写在已有内容之后。如果该文件不存在，创建新文件进行写入
a+	打开一个文件用于读写。如果该文件已存在，文件指针将会放在文件的结尾。文件打开时会是追加模式。如果该文件不存在，创建新文件用于读写
ab+	以二进制格式打开一个文件用于追加。如果该文件已存在，文件指针将会放在文件的结尾。如果该文件不存在，创建新文件用于读写

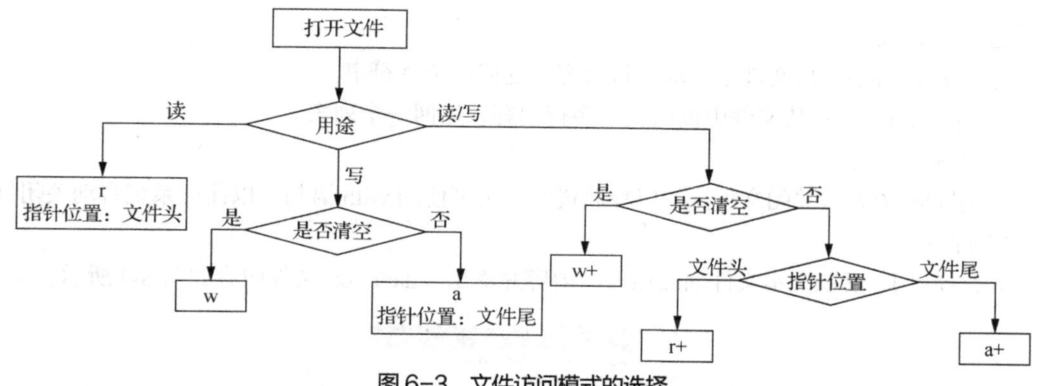

图6-3 文件访问模式的选择

（2）使用 file 对象的读/写方法对文件进行读/写操作。其中，将数据从外存文件传输到内存的过程称为读操作，也称为读入；将数据从内存传输到外存文件的过程称为写操作，也称为写出。

（3）使用 file 对象的 close()方法关闭文件。

【语法格式】

```
filename.close()
```

（4）使用 with 语句

Python 引入了 with 语句，自动在使用完文件后调用 close()方法。

【语法格式】

```
with open(filename[,mode]) as fileobj:
    文件操作语句
```

访问文件时，如果文件读写产生异常，后面的 close()方法就不会被调用。但是使用 with 语句时，无论是否产生异常都能正确地关闭文件。这样一来代码更加简洁，并且不必使用 close()方法。

以下通过举例说明的方式，分别介绍对文本文件、二进制文件及随机文件进行操作的步骤。

6.2.2 文本文件的读和写

1. 文本文件的读入

从文本文件读入数据的步骤：打开文件、读取数据和关闭文件。

（1）打开文件

通过内置函数 open()可以打开文件对象。举例如下。

```
f1 = open('data1.txt', 'r')
```

以上代码表示打开当前工作目录中的 data1.txt 文件，若文件不存在，则引发 FileNotFoundError 异常。'r'表示访问模式为只读模式。

（2）读取数据

打开文件后，可以使用下列方法读取字符数据。

① f.read()：从文件中读取剩余内容直至文件结尾，返回一个字符串。

② f.read(n)：从文件中读取至多 n 个字符，返回一个字符串；如果 n 为负数或 None，读

取直至文件结尾。

③ f.readline()：从文件中读取 1 行内容，返回一个字符串。

④ f.readlines()：从文件中读取剩余多行内容，返回一个列表。

（3）关闭文件

使用 close()方法关闭文件流，以释放资源。也可使用 with 语句，以保证系统自动关闭打开的文件流。

【例 6-1】 读取文本文件 data1.txt 的内容并输出。data1.txt 文件内容如图 6-4 所示。

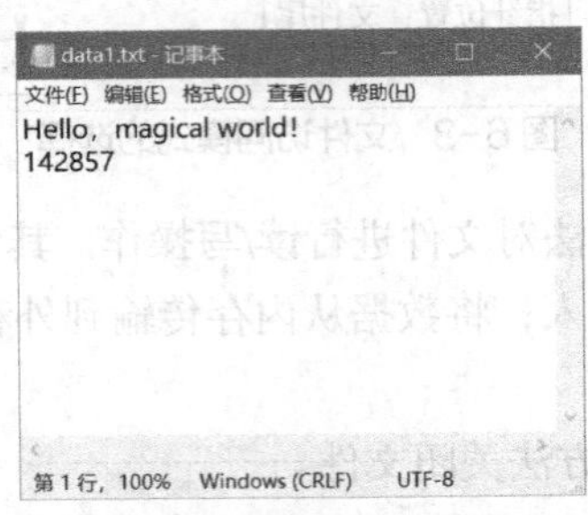

图 6-4　data1.txt 文件内容

【程序代码 1】

```
try:
    filetxt=open('d:\\exam of py\\data1.txt', 'r',-1,'utf-8')
    filecont=filetxt.readlines()
    print(filecont)
    filetxt.close()
finally:
filetxt.close()
```

【程序代码 2】

```
with open('d:\\exam of py\\data1.txt', 'r',-1,'utf-8') as filetxt:
    filecont=filetxt.readlines()
    print(filecont)
```

两段代码的功能相同，运行结果也相同，如图 6-5 所示。由此可看出 with 语句在实现关闭文件功能时更加简洁。

```
['Hello, magical world! \n', '142857']
```

图 6-5　例 6-1 运行结果

2．文本文件的写出

将数据写出到文本文件的步骤：创建或打开文件、写出数据和关闭文件。

（1）创建或打开文件

通过内置函数 open()可以创建或打开文件对象，可以指定覆盖模式（文件存在时）、编码方式和缓存大小。

（2）写出数据

打开文件后，可以使用以下方法把数据更新到文件中。

① f.write(s)：把字符串 s 写出到文件。

② f.writelines(lines)：依次把列表 lines 中的各字符串写出到文件。

③ f.flush()：把缓冲数据更新到文件中。

（3）关闭文件

写文件完成后，使用 close()方法关闭文件流，以释放资源，并把缓冲数据更新到文件中。可使用 with 语句，以保证系统自动关闭打开的文件流。

【例 6-2】 将数据写出到文本文件 data2.txt。

【程序代码】

```
with open('d:\\exam of py\\wenjian\\data2.txt', 'w') as f:
    f.write('Hello,magical world!\n') #写出字符串
    f.writelines(['142857\n','285714\n']) #写出列表字符串数据
f.writelines(['428571','571428','714285','857142'])
```

运行结果如图 6-6 所示。

图 6-6　例 6-2 运行结果

6.2.3　二进制文件的读和写

1. 二进制文件的读入

从二进制文件读入数据的步骤：创建或打开文件、读取数据和关闭文件。

（1）创建或打开文件

通过内置函数 open()指定打开模式'rb'，打开二进制文件对象。

（2）读取数据

打开文件后，可以使用下面的方法读取字符数据。

f.read()：从文件中读取剩余内容直至文件结尾，返回一个字符串。

（3）关闭文件

使用 close()方法关闭文件流，以释放资源。也可使用 with 语句，以保证系统自动关闭打开的文件流。

【例 6-3】 从二进制文件读入数据并输出。data3.dat 文件内容如图 6-7 所示。

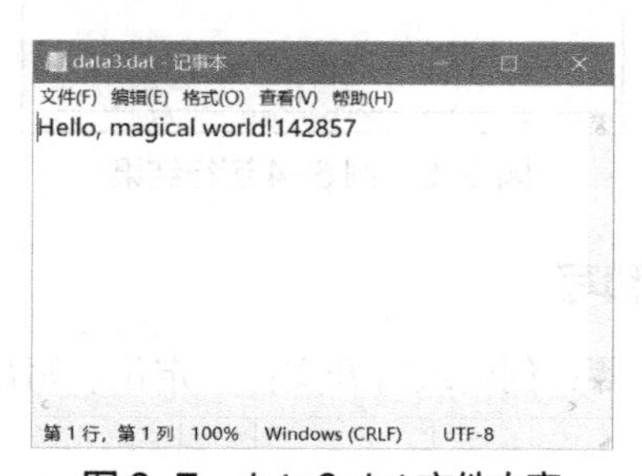

图 6-7　data3.dat 文件内容

【程序代码】

```
with open('d:\\exam of py\\data3.dat', 'rb') as f:
    b = f.read()
    print(b)
```

运行结果如图 6-8 所示。

```
b'Hello, magical world!142857'
```

图6-8 例6-3运行结果

2. 二进制文件的写出

将数据写出到二进制文件的步骤：创建或打开文件、写出数据和关闭文件。

（1）创建或打开文件

通过内置函数 open()指定打开模式'wb'，可以创建或打开二进制文件对象。可以指定覆盖模式（文件存在时）和缓存大小。

（2）写出数据

打开文件后，可以写出字节数据（bytes 或 bytearray）到二进制文件，也可以强制把缓冲数据更新到文件中。相关方法如下。

① f.write(b)：将字节数据 b 写入二进制文件，返回实际写入的字节数。

② f.flush()：将缓冲数据更新到文件中。

（3）关闭文件

可以使用 close()方法关闭文件流，以释放资源。也可用 with 语句，以保证系统自动关闭打开的文件流。

【例 6-4】 打开二进制文件 data4.txt，写内容到文件中。

【程序代码】

```
with open('d:\\exam of py\\data4.dat', 'wb') as f:
   f.write(b'Hello, magical world!')    #写出字节数据
   f.write(b'142857')   #写出字节数据
```

运行结果如图 6-9 所示。

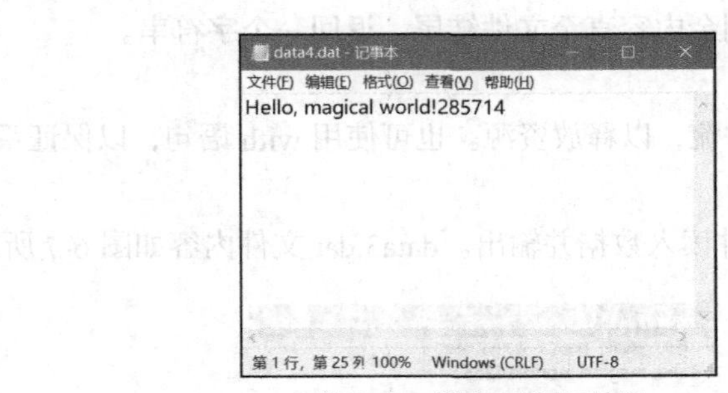

图6-9 例6-4运行结果

6.2.4 随机文件的读和写

随机文件的读、写操作步骤：创建或打开文件、定位、写出/读入数据和关闭文件。

（1）创建或打开文件

使用内置函数 open()，指定打开模式。

（2）定位

使用 seek()进行定位。

（3）写出/读入数据

使用与文本文件或二进制文件相同的读/写方法。

（4）关闭文件

使用 close()方法关闭文件流，以释放资源。

【例 6-5】 创建一个随机文件并进行读写。

【程序代码】

```
import os
f=open('data5.dat', 'w+b')            #创建或打开文件 data5.dat
f.seek(0)                             #定位到开始位置
f.write(b'Magical')                   #写入字节数据
f.write(b'World')                     #写入字节数据
f.seek(-5, os.SEEK_END)               #定位到结束位置倒数第 5 字节
b = f.read(5)                         #读取 5 字节
print(b)                              #输出
f.close()
```

例 6-5 的运行结果有两个，一个是产生的 data5.dat 文件，如图 6-10 所示，另一个是在控制台输出的变量 b 指向内容，如图 6-11 所示。

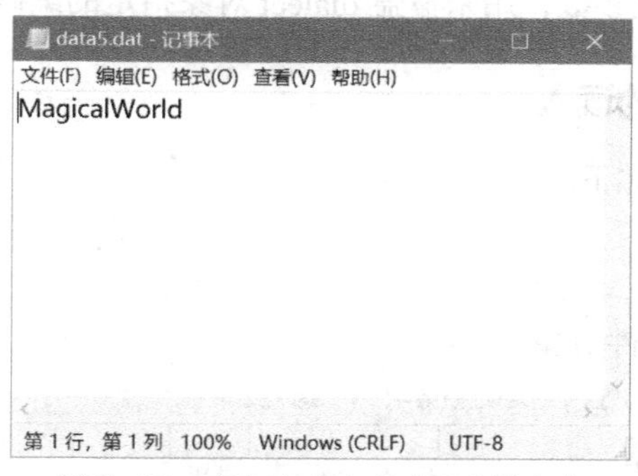

图 6-10　产生的 data5.dat 文件内容

```
b'World'
```

图 6-11　控制台输出的变量 b 指向内容

6.3　CSV 文件操作

CSV（Comma-Separated Values，逗号分隔值）文件，也称为字符分隔文件，通常使用逗号作为分隔符，其他分隔符包括制表符（\t）、冒号（:）和分号（;）。CSV 文件以纯文本形式存储表格数据（数字和文本）。当程序中有大量数据需要处理时，我们通常会使用 CSV 文件。CSV 文件是从电子表格和数据库导出数据以及在其他程序中导入或使用数据的便捷方式，例如，可以将程序的结果导出到 CSV 文件用于保存数据，也可以将 CSV 文件中的数据导入程序用以分析数据。很多程序在处理数据时都会用到这种格式的文件。Python 专门内置了 CSV

模块，可以快速简便地处理 CSV 文件。

CSV 文件的结构如下，第一行通常为标题行，标识每列数据，后续行是实际数据。

```
column 1 name,column 2 name, column 3 name
first row data 1,first row data 2,first row data 3
second row data 1,second row data 2,second row data 3
...
```

6.3.1 CSV 模块常用函数

CSV 模块常用函数如下。

（1）reader()函数

【语法格式】

```
reader(csvfile, dialect='excel', **fmtparams)
```

（2）writer()函数

【语法格式】

```
writer(csvfile, dialect='excel', **fmtparams)
```

【参数说明】

- csvfile：必须是支持迭代的对象，可以是文件（file）对象或列表（list）对象。
- dialect：编码风格，默认为 Excel 风格，也就是用逗号（,）分隔。dialect 也支持自定义。
- fmtparams：格式化参数，用来覆盖 dialect 对象指定的编码风格。

6.3.2 CSV 文件的读入

CSV 文件的读入步骤如下。

（1）导入 CSV 模块

```
import csv
```

（2）创建一个 CSV 文件对象

```
with open('***.csv', 'r', newline='') as f:
```

（3）打开文件读入数据

```
fr = csv.reader(f)
```

（4）关闭文件

使用 close()方法关闭文件流，以释放资源。

【例 6-6】 使用 reader 对象读取 CSV 文件。设有 scores.csv 文件，其内容如图 6-12 所示。

```
学号,姓名,性别,班级,语文,数学,英语
10100101,史鉴今,男,一班,72,85,82
10100102,叶司晨,女,一班,75,82,51
10100303,徐士行,男,三班,55,74,79
10100204,方觉夏,女,二班,80,86,68
10100305,李成蹊,男,三班,72,76,72
10100106,周千月,女,一班,82,92,97
10100207,万民安,男,二班,88,85,89
```

图 6-12 scores.csv 文件内容

【程序代码】

```
import csv
with open('scores.csv', newline='') as f:          #打开当前工作目录中的文件
    f_csv = csv.reader(f)                           #创建csv.reader对象
    headers = next(f_csv)                           #将标题行读入变量headers
    print(headers)                                  #输出标题行（列表形式）
    for row in f_csv:                               #循环输出其他各行（列表形式）
        print(row)
```

运行结果如图6-13所示。

```
['学号', '姓名', '性别', '班级', '语文', '数学', '英语']
['10100101', '史鉴今', '男', '一班', '72', '85', '82']
['10100102', '叶司晨', '女', '一班', '75', '82', '51']
['10100303', '徐士行', '男', '三班', '55', '74', '79']
['10100204', '方觉夏', '女', '二班', '80', '86', '68']
['10100305', '李成蹊', '男', '三班', '72', '76', '72']
['10100106', '周千月', '女', '一班', '82', '92', '97']
['10100207', '万民安', '男', '二班', '88', '85', '89']
```

图6-13　例6-6运行结果

6.3.3　CSV文件的写出

CSV文件的写出步骤如下。

（1）导入CSV模块

```
import csv
```

（2）创建一个CSV文件对象

```
with codecs.open('***.csv', 'w', newline='') as f:
```

（3）写出CSV文件

```
fw = csv.writer(f)
for i in ***:
    writer.writerow(i)
```

（4）关闭文件

使用close()方法关闭文件流，以释放资源。

【例6-7】 使用writer对象将列表数据写出到CSV文件。

【程序代码】

```
import csv
def writecsv1(csvfilepath):
    headers = ['学号', '姓名', '性别', '班级', '语文', '数学', '英语']
    rows = [('10100111', '伍讲', '男', '一班', '72', '85', '82'),
            ('10100212', '司美', '女', '二班', '85', '82', '91')]
    with open(csvfilepath,'w', newline='') as f:        #打开文件
        f_csv = csv.writer(f)                           #创建csv.writer对象
        f_csv.writerow(headers)                         #写出一行（标题）
        f_csv.writerows(rows)                           #写出多行（数据）
if __name__ == '__main__':
    writecsv1(r'scores2.csv')
```

运行结果如图 6-14 所示。

A1 学号

	A	B	C	D	E	F	G	H
1	学号	姓名	性别	班级	语文	数学	英语	
2	10100111	伍讲	男	一班	72	85	82	
3	10100212	司美	女	二班	85	82	91	
4								
5								
6								
7								
8								
9								

scores2 就绪 100%

图 6-14　例 6-7 运行结果

【例 6-8】 使用 DictWriter 对象将字典数据写入 CSV 文件。

【程序代码】

```
import csv
def writecsv2(csvfilepath):
    headers = ['学号', '姓名', '语文', '数学', '英语']
    rows = [{'学号': '10100115', '姓名': '勤学', '语文': '82', '数学': '85', '英语': '92'},
            {'学号': '10100218', '姓名': '修德', '语文': '89', '数学': '92', '英语': '91'}]
    with open(csvfilepath,'w', newline='') as f:        #打开文件
        f_csv = csv.DictWriter(f, headers)              #创建 csv.DictWriter 对象
        f_csv.writeheader()                             #写出标题
        f_csv.writerows(rows)                           #写出多行（数据）
if __name__ == '__main__':
    writecsv2(r'scores3.csv')
```

运行结果如图 6-15 所示。

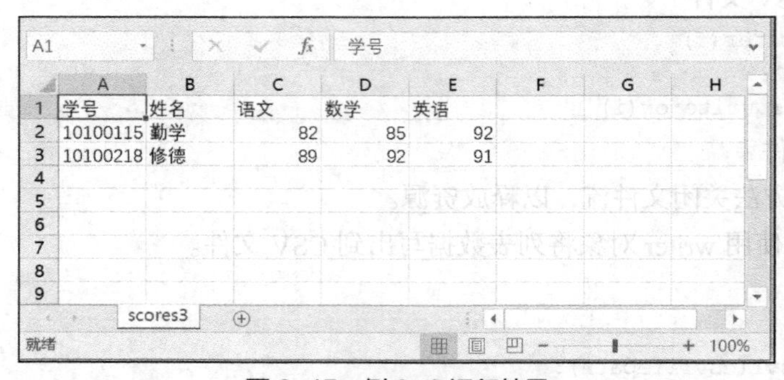

A1 学号

	A	B	C	D	E	F	G	H
1	学号	姓名	语文	数学	英语			
2	10100115	勤学	82	85	92			
3	10100218	修德	89	92	91			
4								
5								
6								
7								
8								
9								

scores3 就绪 100%

图 6-15　例 6-8 运行结果

【例 6-9】 CSV 文件格式化参数示例。

【程序代码】

```
import csv
def writecsv3(csvfilepath):
    headers = ['学号', '姓名', '性别', '班级', '语文', '数学', '英语']
    rows = [('10100122', '明辨', '男', '一班', '72', '85', '82'),
            ('10100228', '笃实', '二班', '85', '82', '91')]
    with open(csvfilepath,'w', newline='') as f:
```

```
            f_csv = csv.writer(f, delimiter=':', quoting=csv.QUOTE_ALL)  #指定格式化参数，内容间用“:”连接
            f_csv.writerow(headers)                          #写入一行（标题）
            f_csv.writerows(rows)                            #写入多行（数据）
    if __name__ == '__main__':
        writecsv3(r'scores4.csv')
```

运行结果如图 6-16 所示。

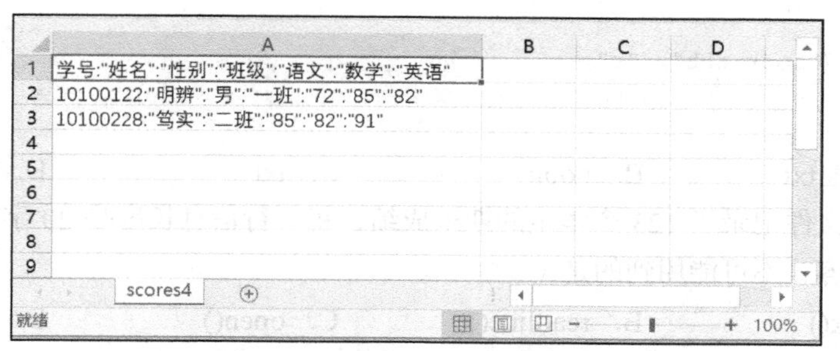

图 6-16 例 6-9 运行结果

6.4 本章小结

本章首先介绍了文件类别、文件路径和文件的编码方式；接着重点介绍文件的相关操作和步骤。对文件进行操作时，都是先通过 open()函数创建文件对象，然后对文件进行读或写操作，最后关闭文件。文件操作可按文本文件、二进制文件分别进行，也可以对随机文件进行定位访问。章末介绍了利用 Python CSV 模块对 CSV 文件进行操作的方法。

习题 6

一、选择题

1. 关于 Python 对文件的处理，以下选项中描述错误的是（　　）。
   A. 文件使用结束后要用 close()方法关闭，释放文件的使用授权
   B. 当文件以文本方式打开时，读写按照字节流方式
   C. Python 能够以文本和二进制两种方式处理文件
   D. Python 通过解释器内置的 open() 函数打开一个文件
2. 关于 Python 文件打开模式，以下选项中描述错误的是（　　）。
   A. 追加写模式 a　B. 只读模式 r　C. 创建写模式 n　D. 覆盖写模式 w
3. 以下选项中，不是 Python 对文件的打开模式的是（　　）。
   A. '+'　B. 'w'　C. 'r'　D. 'c'
4. 以下选项中，不是 Python 对文件的写操作方法的是（　　）。
   A. write()　B. write()和 seek()　C. writelines()　D. writetext()
5. 以下选项中，不是 Python 对文件的读操作方法的是（　　）。
   A. read()　B. readtext()　C. readline()　D. readlines()

6. 以下关于 Python 文件的描述，错误的是（　　）。

A. readline()读取文件的下一行，返回一个字符串

B. open()函数的参数'a'表示以追加方式打开文件，删除已有内容

C. open()函数的参数'b'表示以二进制处理文件

D. open()函数的参数'+'表示可以对文件进行读和写操作

7. 文件 book.txt 在当前程序所在目录，其内容是一段文本：book。下面代码的输出结果是（　　）。

```
txt = open("book.txt", "r")
print(txt)
txt.close()
```

A. book.txt　　B. book　　C. txt　　D. 以上答案都不对

8. 有一个文件记录了 123 个学生的期末成绩，每一行信息长度是 20 字节，要想只读取最后 10 行的内容，不可能用到的是（　　）。

A. seek()　　B. readline()　　C. open()　　D. write()

9. 关于 CSV 文件的描述，以下选项中错误的是（　　）。

A. CSV 是一种通用的文件格式，应用于程序之间转移表格数据

B. 整个 CSV 文件是一个二维数据

C. CSV 文件的每一行是一维数据，可以使用 Python 中的列表来表示

D. CSV 文件通过多种编码方式表示字符

10. 能实现将一维数据写入 CSV 文件的是（　　）。

A.

```
fname = input("请输入要写入的文件：")
fo = open(fname, "w+")
ls = ["AAA", "BBB", "CCC"]
fo.writelines(ls)
for line in fo:
    print(line)
fo.close()
```

B.

```
fo = open("chars.csv", "w")
ls = ['AAA', 'BBB', 'CCC', 'DDD']
fo.write(",".join(ls)+ "\n")
fo.close()
```

C.

```
fo = open("chars.csv", "r")
ls = ['AAA', 'BBB', 'CCC', 'DDD']
fo.write(",".join(ls)+ "\n")
fo.close()
```

D.

```
fr = open("price2016.csv", "w")
ls = []
for line in fo:
    line = line.replace("\n","")
    ls.append(line.split(","))
print(ls)
fo.close()
```

二、程序设计题

1. 编写程序，随机产生 26 个字母输出到文件中保存。

2. 学生成绩数据如下。将这些数据保存到 score.csv 文件中，编写程序从文件中读出数据，计算各科平均分后，将平均分数据保存到 ave.csv 文件中。

学号	姓名	性别	班级	语文	数学	英语
10100101	史鉴今	男	一班	72	85	82
10100102	叶司晨	女	一班	75	82	51
10100303	徐士行	男	三班	55	74	79
10100204	方觉夏	女	二班	80	86	68
10100305	李成蹊	男	三班	72	76	72
10100106	周千月	女	一班	82	92	97
10100207	万民安	男	二班	88	85	89

第7章

面向对象程序设计

面向对象（Object Oriented）是一种软件开发方法，一种编程范式。面向对象是相对于面向过程来讲的，它把相关的数据和方法组织为一个整体，从更高的层次来进行系统建模，更贴近事物的自然运行模式。面向对象程序设计的主要思想是把构成问题的各个事务分解成各个对象，建立对象的目的不是为了完成一个步骤，而是为了描述一个事务在解决问题的步骤中的行为。面向对象程序设计中的概念主要包括对象、类、数据抽象、继承、动态绑定、数据封装、多态性、消息传递。通过这些概念，面向对象的思想得到了具体的体现。

7.1　面向对象基础

面向对象的 Python 程序设计中最重要的两个概念是类（class）和对象（object）。在 Python 语言中，对象被称为实例（instance）。一个类就是一个可以用来定义同时具备值和操作行为两方面特征的对象的数据结构。类是把真实世界中的问题抽象化以后得到的程序化的表示形式；而实例则是这样一个抽象结果的具体实现。打个比方，类就像是蓝图或者模子，实例就是用蓝图或者模子制造出来的产品。“类”这一概念应该是从生物学上借用来的。生物学用“类”来区分生物物种，类又可以进一步细分为相似而又有区别的子类。这些做法对程序设计方面的“类”概念也同样适用。

类和实例是相互关联的：类提供了对一个对象的定义，而实例是根据该定义实际产生出来的对象。

在 Python 语言中，对类的定义和对函数的定义很相似，其代码如下所示。

```
class MyObject:
    'define MyObject class'
    pass
```

代码中 class 是一个关键字，它后面是类的名字，接下去是对这个类进行定义的代码。

创建一个实例的过程叫作实例化过程，具体方式是用类的名字加上函数操作符（()）来调用这个类。

```
o = MyObject()
```

类可以很简单，也可以根据需要变得很复杂。在最简单的情况下，类可以被用作“命名空间的包容器”，即在类里面定义若干变量，就像 C 语言中的结构（structure）一样。在更多情况下，类里面不仅包含若干变量，还定义了若干函数。在面向对象的概念中，类里面的变量被称为属性，即属于另外一个对象并且能够通过大家熟悉的记号访问的数据；而类里面的函数则被称为方法。

关于属性有两点需要注意：①当我们访问一个属性时，因为它也是一个对象，所以它也可能有自己的属性，这些属性也可以访问，这样就形成了一个属性链；②方法也是属性，特别对于 Python 语言，函数与变量没有太大区别（事实上，Python 中的函数可认为是一个拥有 __call__ 属性的对象）。为方便起见，本章中的“属性”特指数据属性，而“方法”特指函数属性。

7.2　类的定义、创建和使用

在日常生活中，我们会经常使用到通讯录，用来保存朋友的电话号码。下面我们使用 Python 代码来实现通讯录。

【例 7-1】 创建一个保存电话号码的通讯录的类。

【解析过程】首先，我们确定这个类的名字 AddressBook；其次，在这个类里面需要保存通信对象的两个属性，姓名（name）和电话（phone），以及一个用于更新电话属性的方法 update_phone()；最后，类 AddressBook 还需要提供一个构造函数，用来对属性 name 和 phone

进行定义并赋值。另外，我们在方法的定义中加入了一些 print()函数，以便清楚地看到方法被调用。

【程序代码】

```
class AddressBook:
  'define Address Book class'
  def __init__(self, name, phone) -> None:
    self.name = name
    self.phone = phone
    print("create AddressBook instance with %s"%self.name)

  def update_phone(self, phone):
    self.phone = phone
    print("AddressBook {}'s phone has updated."%(self.name,))
```

在 AddressBook 类中，我们定义了两个方法：__init__()和 update_phone()。所有的方法都必须拥有一个参数——self，这个参数代表的是实例对象。当我们通过一个实例调用其某个方法时，self 参数将由解释器隐式传递到方法中去，因此我们不必操心。例如，在调用 update_phone()这个方法时，update_phone()有 self 和 phone 两个参数，我们只需要给出 phone 这个参数：ab.update_phone('12331233')。

__init__()被称为类的构造器。构造器简单来说就是一个类在实例化期间调用的特殊方法。构造器的作用是定义一个类在实例化时将要采取的额外操作行为，通常用于对类的属性设置初始值。总而言之，构造器基本上是在一个实例被创建以后、实例化调用返回之前完成一些必要的特殊任务。所以__init__()将在实例化期间（即调用 AddressBook()的时候）被调用。因此，调用 AddressBook()的参数必须和__init__()的参数一致。本例中的__init__()有 self、name 和 phone 三个参数，我们在创建 AddressBook 类的实例时，只需要给出 name 和 phone 两个参数。下面的代码展示了如何创建 AddressBook 类的两个实例。

【程序代码】

```
>>> ab1 = AddressBook('张三', '12334566')
create AddressBook instance with 张三
>>> ab2 = AddressBook('李四', '11112222')
create AddressBook instance with 李四
```

在实例化 AddressBook 类的过程中，我们不需要主动调用__init__()方法，系统会自动调用__init__()方法。方法中的 self 参数也是由系统自动传入的，我们需要主动传入的参数是 name 和 phone，它们都不是默认参数。

实例的属性可以通过实例名加“.”再加属性名来进行访问，这种访问方法称为点属性访问法。下面的代码展示了实例 ab1 的值和它的 name 属性及 phone 属性的值。

【程序代码】

```
>>> ab1
<__main__.AddressBook object at 0x000001FA307E83D0>
>>> ab1.name
'张三'
>>> ab1.phone
'12334566'
```

我们看到，ab1.name 的值是'张三'，ab1.phone 的值是'12334566'，也验证了实例属性的值也是由__init__()方法在实例化期间设置的。

方法和属性类似，也是通过实例名加“.”再加方法名来进行访问。下面的代码展示了update_phone()方法的调用及结果验证。

【程序代码】

```
>>> ab1.update_phone('12331233')
AddressBook 张三's phone has updated with 12331233
>>> ab1.phone
'12331233'
```

方法 update_phone()有 self 和 phone 两个参数，但是这里是通过实例名 ab1 加“.”再加方法名的形式调用 update_phone()方法的，故只需要传入 phone 这个参数。这种调用方法在 Python 语言中称为“绑定方法”。

7.3 属性与方法

前面提到的类的属性和方法，事实上指的是类实例的属性与方法。其他面向对象语言对两者未做太大的区分，通常所说的类的属性与方法事实上都是指实例的属性与方法，而静态属性和静态方法特指类的属性与方法。由于 Python 语言对类的声明与定义是同时发生的，并且 Python 是一门动态语言，故 Python 语言中的类实例的属性是在程序运行时直接定义的。一般而言，我们会在类的构造器__init__()中定义实例属性。由于我们使用最多的是类实例的属性和方法，故本章中提到属性和方法默认为实例的属性和方法。在需要特指类的属性和方法时，本章会明确提出。

7.3.1 属性

在一个实例被创建出来以后，它的属性值不依赖于任何其他实例，也不依赖于它所属的那个类。它的属性可以在能够访问该实例的代码的任意位置被设置任意次。但对这些属性进行设置的关键性位置之一是构造器__init__()。构造器是能够对实例属性进行设置的最早位置，这是因为__init__()是实例对象被创建后第一个被调用的方法。

除了在构造器中设置实例属性外，在实例的任何方法中，以及能够访问该实例的任意位置都可以设置属性。下面的代码展示了另外一种设置属性的方法。

【程序代码】

```
>>> class A: pass
>>> a = A()
>>> a2=A()
>>> a2.foo=100
>>> a.x = 10
>>> a.y = 23
>>> a.x +a.y
33
```

在 Python 程序中，可以像定义变量一样定义实例的属性。上述代码中实例 a 和实例 a2 虽然都是类 A 的实例，但是经过 a2.foo=100、a.x=10、a.y=23 三条语句后，a2 具有了 foo 属性，而 a 则具有了 x 属性和 y 属性。Python 语言提供了 vars()函数，可以查看实例的属性。

【程序代码】

```
>>> vars(a2)
{'foo': 100}
>>> vars(a)
{'x': 10, 'y': 23}
```

从上述代码中不难看出，Python 对象的属性是通过字典进行存储的。这种在程序运行过程中更改对象的属性的方法称为属性动态设置法。具有这种特性的语言称为动态语言。

7.3.2 方法

方法是在类的定义中定义的函数。下面的代码中，MyObject 类中的 my_func()方法简单来说就是在类的定义中定义了一个函数（使之成为类的属性）。这意味着 my_func()只能对 MyObject 的对象进行操作。

【程序代码】

```
class MyObject:
  'define MyObject class'
  def my_func(self):
    pass
>>> o = MyObject()
>>> o.my_func()
```

为了保持 OOP 传统，Python 语言里有这样的规定：方法不能在不通过实例的情况下被调用。要想完成方法的调用，必须要有一个实例。

与属性类似，方法也可以动态添加。下面的代码就为实例 o 增加了一个方法 f()。

【程序代码】

```
>>> o.f = lambda x: x**2
>>> o.f(20)
400
```

7.3.3 类的属性

类的属性就是类里面的变量。它们是在创建某个类时设置的，可以在创建了那个类的程序环境里像其他变量一样使用；但修改它们的值却只能在类的内部或主程序部分用方法来进行。简单来说，在类定义中定义的变量称为类变量。注意，不是在方法中定义的变量。下面的代码定义了一个 MyClass 类，其中定义了一个类属性 version。

【程序代码】

```
class MyClass:
  'define MyClass class'
  version = '1.0'
  def show_version(self):
    print(MyClass.version)
```

我们看到，属性 version 的定义不在任何方法中，这种定义方式的属性就是类属性。Python 提供了函数 dir()来查看类属性，也可以使用前面的 vars()来查看类属性及其值。下面的代码清晰地展示出了 version 属性是属于 MyClass 这个类的，而不是它的某个实例的属性。

【程序代码】

```
>>> dir(MyClass)
['__class__', …, 'show_version', 'version']
```

```
>>> vars(MyClass)
mappingproxy({'__doc__': 'define MyClass class', 'version': '1.0', 'show_version':
<function MyClass.show_version at 0x000001FA30838700>, …})
```

在其他面向对象语言中，类的属性也被称为静态成员、静态数据、类变量等。它只属于对它进行定义的类，并且独立于任何类的实例。

7.3.4　类属性与实例属性的比较

类属性是只与类相关而不与某个特定的实例相关的数据，即使类经过多次实例化之后，这些数据都会保持不变，除非直接、明确地对它进行了修改。类属性和实例属性之间细微的区别需要我们仔细分辨。

（1）类属性的访问方法

类属性可以通过类来访问，例如，前面的 MyClass 类，可以使用 MyClass.version 来访问类属性 version。

【程序代码】

```
>>> MyClass.version
'1.0'
```

Python 还允许使用实例来直接访问类属性，前提是这个实例没有一个与它同名的属性。此时，Python 会在创建实例的同时为实例创建一个具有只读属性的、指向类属性 version 的链接符号。

【程序代码】

```
>>> c1 = MyClass()
>>> c2 = MyClass()
>>> c1.version
'1.0'
>>> MyClass.version = '1.1'
>>> MyClass.version
'1.1'
>>> c1.version
'1.1'
>>> c2.version
'1.1'
```

需要注意的是，类属性是独立于每个实例的。上述代码清晰地展示了：当类属性的值发生改变时，通过实例访问到的类属性的值都会发生改变。通过实例访问类属性，严格来说只能以只读方式进行。对类属性的改变只能通过类来进行，通过实例来改变类属性是不被允许的，那样只会创建出一个同名的实例属性。

（2）赋值操作创建的属性

Python 允许我们通过赋值操作在任何时候创建属性。从下面的代码中我们可以看到，使用赋值操作可以创建一个类属性，并且该类属性会即时反映到实例中。

【程序代码】

```
>>> MyClass.new_val = 100
>>> c1.new_val
100
```

同样，对一个实例属性的任何赋值行为都会创建和赋值一个实例属性，即使存在一个同名的类属性，它也会在实例中被覆盖，就像局部变量和全局变量一样。下面的代码展示了 c1 通过赋值获得了一个新的实例属性 c1.version。

【程序代码】

```
>>> c1.version = 2.2
>>> c1.version
2.2
>>> MyClass.version
'1.1'
>>> c2.version
'1.1'
```

上述代码为 c1 增加了一个新的实例属性 c1.version，它覆盖了同名的类属性的引用线索。但是类属性 MyClass.version 并未受影响，它仍然会影响其他的实例的 version。

（3）类属性的特殊性质

前面我们已经看到，由于类属性是独立于每一个实例存在的，因此对类属性的修改会直接影响每一个实例中的类属性。此外，下面的代码展示了实例属性和类属性之间的转换。

【程序代码】

```
>>> c1.version = 2.2   # 定义了 c1 的实例属性 version
>>> c1.version
2.2
>>> hasattr(c1, 'version')
True
>>> del c1.version              # 删除了 c1 的实例属性 version
>>> hasattr(c1, 'version')
True
>>> c1.version          # 此时使用的是类属性 version
'1.1'
>>> del c1.version
Traceback (most recent call last):
  File "<pyshell#27>", line 1, in <module>
    del c1.version
AttributeError: version
```

当 c1 拥有实例属性 version 时，我们可以通过 del 语句删除 c1.version。此时我们会发现 c1 仍然拥有属性 version，但此 version 实际上是类属性。而我们无法通过 del c1.version 来删除类属性 version，系统会报出 AttributeError 异常。

7.3.5 类方法

在前面的关于类 MyClass 的定义中，我们还定义了一个方法 show_version()，它的功能是显示类属性 version。可是我们会发现，虽然 version 是类属性，但要调用 show_version()方法，还必须要有一个实例，否则会导致 TypeError 异常。

【程序代码】

```
>>> MyClass.show_version()
Traceback (most recent call last):
   File "<pyshell#29>", line 1, in <module>
      MyClass.show_version()
TypeError: show_version() missing 1 required positional argument: 'self'
```

当然，我们可以将 show_version()移出类 MyClass，作为一个单独的函数，这显然不符合面向对象的原则。更好的选择是定义一个类方法。Python 提供了一个函数修饰符 classmethod，用来表明某一个方法为类方法。我们修改 MyClass 类的定义如下。

【程序代码】

```
class MyClass:
  'define MyClass class'
  version = '1.0'
  @classmethod
  def show_version(cls):
    print(MyClass.version)
>>> MyClass.show_version()
1.0
```

为了区分类方法和方法，我们将类方法的第一个参数改为 cls（class 的缩写）。show_version()方法更好的写法是用 cls.version 来代替 MyClass.version 的显式调用，以避免修改类名时还要修改 show_version()的代码。

7.3.6　访问权限

许多面向对象语言都为数据和方法提供了几种访问权限，用来实现数据的隐藏，程序通过访问器函数才能对数据的值进行访问。而 Python 语言中的属性都是“公共”的，能够在本模块内部使用，也能被导入包含这个类的模块使用。Python 为私有变量提供了一种保护私有性的措施。

（1）_xxx：以单下画线开始的属性名，称为保护变量，能被类实例和子类实例所使用，如 self._name。以下画线开始的属性不能被“from module import *”导入。

（2）_ _xxx：以双下画线开始的属性名，称为私有变量，只能被类实例的方法所访问。

Python 为访问权限提供的只是一种简单的算法，主要还是利用命名规则来定义变量的访问权限，对于保护变量，除了不能使用“from module import *”导入外，没有再做任何限制，因此事实上保护变量是可以直接使用的。而对于私有变量，Python 实际上是在执行期间做了一个简单的“更名”，在变量名前面追加一个下画线和类名。例如，类 A 中有一个实例 a 的变量 self._ _name，经过更名后，访问这个属性的标识符就变成了 a._A_ _name。

7.4　继承和多态

继承就是子类继承父类的属性和方法，使得子类对象具有与父类相同的属性、相同的行为。我们可以通过下面的代码来构建一个 MyClass 的子类 C，虽然子类 C 没有定义任何属性，但是子类 C 会自动拥有父类 MyClass 的类属性 version 和类方法 show_version()。

【程序代码】

```
>>> class C(MyClass):
      pass
>>> C.version
'1.0'
>>> C.show_version()
1.0
```

相对而言，在继承中使用更多的则是实例的属性与方法。下面的代码显示了子类是如何继承父类的属性和方法的。

【程序代码】

```
class P:
```

```
    def __init__(self, name) -> None:
        self.name = name
        print("Init in P.")
    def foo(self):
        print("This is P-foo().")
class C(P):
    def foo(self):
        print("This is C-foo().")

>>> p = P("Parent")
Init in P.
>>> p.name
'Parent'
>>> c = C("Child")
Init in P.
>>> c.name
'Child'
```

在上述代码中，我们创建了类 P，并定义了一个实例属性 name 和两个实例方法__init__()和 foo()。类 C 作为类 P 的子类，虽然没有创建自己的属性 name 和__init__()方法，但在实例化类 C 时，我们会发现系统输出了“Init in P.”，这说明类 C 调用了父类的__init__()方法，并创建了属性 name。

虽然类 C 继承了类 P 的 foo()方法，但是由于类 C 定义了自己的 foo()方法，故继承的 foo()被覆盖掉了。这样一来，实例 p 和实例 c 都拥有 foo()方法，却是不同的实现，这种现象就是多态，即为不同数据类型的实体提供统一的接口。下面的代码是 foo()方法的调用及结果展示。

【程序代码】

```
>>> p.foo()
This is P-foo().
>>> c.foo()
This is C-foo().
```

一般情况下，子类的方法要有一些与父类不同的功能才会存在。如果我们还想调用父类的方法，可在子类的方法中调用。下面的代码中，我们重写类 C 的__init__()方法，让它传入 name 和 phone 两个参数，其中 name 参数使用父类的__init__()进行初始化。

【程序代码】

```
class C(P):
    def __init__(self, name, phone) -> None:
        super().__init__(name)
        self.phone = phone
        print("Init in C.")
    def foo(self):
        print("This is C-foo().")

>>> c = C('child', '13311112222')
Init in P.
Init in C.
```

在构造器中调用父类的构造器进行初始化是一种常见的手段，不同的面向对象语言有不同的实现语法。在 Python 语言中，需要直接调用父类的__init__()。而调用父类的方法有两种方式：一种是上述代码展示的通过调用 super()来获取父类的实例，再使用点属性访问法调用__init__()方法；第二种是直接使用类空间的形式调用父类的方法，如 P.__init__(self, name)。需要注意的是，第二种调用方式需要传入 self 这个参数。

7.5　本章小结

本章简要介绍了面向对象的思想和编程方法；详细介绍了 Python 面向对象的实现，类和实例之间的联系与区别；介绍了 Python 如何实现类属性、类方法和实例属性及实例方法，以及类的继承和多态的实现方法。

习题 7

1. 创建一个类 Point，它表示某个点的 *X* 坐标和 *Y* 坐标的有序数值对。*X* 和 *Y* 的值在实例化时传入构造器。如果缺失某个坐标值，则自动设置为 0。重写__str__()函数，将 *X* 和 *Y* 的值以(*X*,*Y*)形式显示出来。

2. 创建一个堆栈类 Stack。堆栈是一种具有后进先出（Last-In-First-Out，LIFO）特性的数据结构。类 Stack 要实现 isempty()方法来判断堆栈是否为空，为空返回 True，否则返回 False；push()方法往堆栈压入一个元素；pop()方法从堆栈中取出一个元素（应该是最后压入堆栈的元素）。

第8章 科学计算与数据可视化

问题是时代的声音，回答并指导解决问题是理论的根本任务。科学计算是应用计算机解决科学研究和工程技术中的数学问题。它不仅是科学家在研究自然规律时所采用的方法，更是普通人提升专业化程度的必要手段。本章将介绍 Python 中用于科学计算的最常用的两个第三方库：NumPy 和 Matplotlib。

8.1　科学计算

Python 语言提供了 array 模块，与列表不同，array 能直接保存数值，和 C 语言的一维数组类似。但是由于 array 模块不支持多维数组，也没有各种运算函数，因此它不适合做数值运算。NumPy 的诞生弥补了这些不足，NumPy 的数据容器能够保存任意类型的数据，这使 NumPy 得到了迅速发展，成为科学计算事实上的标准库。

NumPy 提供了两种基本对象 ndarray（N 维数组对象）和 ufunc（通用函数对象），以及多种功能模块和函数。本书的示例程序将用以下方式引入 NumPy 库：

```
>>> import numpy as np
```

8.1.1　数组的创建

ndarray（下文统称为数组）是 NumPy 提供的用于存储单一数据类型的多维数组。NumPy 提供了 array()函数，可以创建一维或多维数组。可以通过给 array()函数传递 Python 的序列对象来创建数组。如果传递的是多层嵌套的序列，将创建多维数组。

【例 8-1】 一维数组创建方法。

【解析过程】一维数组是由数字组成、排序单纯、结构单一的数组。Python 提供了列表和元组来实现一维数组的存储。我们可以使用一维的列表结构来作为 np.array()的参数，构建一维数组。

【程序代码】

```
>>> a1 = np.array([5, 4, 3, 8])
>>> a1
array([5, 4, 3, 8])
>>> a1.shape
(4,)
```

shape 属性用于描述数组的形状。它是一个描述数组各个轴长度的元组。

【例 8-2】 二维数组创建方法。

【解析过程】二维数组在 Python 中同样可以用列表和元组来表示。我们使用一个元素为元组的元组来作为 np.array()的参数，构建二维数组。

【程序代码】

```
>>> a2 = np.array(((4, 8, 10, 5), (5, 7, 3, 6), (4, 8, 10, 6)))
>>> a2
array([[ 4,  8, 10,  5],
       [ 5,  7,  3,  6],
       [ 4,  8, 10,  6]])
>>> a2.shape
(3, 4)
```

数组 a2 是二维数组，因此它的 shape 属性有两个元素，其中第 0 轴的长度为 3（即行数），第 1 轴的长度为 4（即列数）。还可以通过修改数组的 shape 属性，在保持数组元素个数不变的情况下，改变数组每个轴的长度。

【例 8-3】 数组形状变更。

【解析过程】数组和 Python 的列表有所不同，它提供了更多的操作。数组的 shape 属性是可写的，可以通过修改数组的 shape 属性，在保持数组元素个数不变的情况下改变数组每个轴的长度。shape 的值取-1 表示默认长度。例如，将 shape 属性改为(2, -1)，事实上是将 a2 改成了 2 行 5 列的二维数组。

【程序代码】

```
>>> a2.shape = (4, 3)
>>> a2
array([[ 4,  8, 10],
       [ 5,  5,  7],
       [ 3,  6,  4],
       [ 8, 10,  6]])
>>> a2.shape = 2, -1
>>> a2
array([[ 4,  8, 10,  5,  5,  7],
       [ 3,  6,  4,  8, 10,  6]])
```

例 8-3 将数组 a2 的 shape 属性改为(4,3)。注意，从(3,4)改为(4,3)并不是对数组进行转置，而只是改变每个轴的长度，数组元素在内存中的位置并没有改变。

上面的例子都是先创建一个 Python 序列，然后通过 array()函数将其转换成数组。NumPy 还提供了很多专门用来创建数组的函数。

【例 8-4】 创建一个 0 到 1 的等差序列。

【解析过程】NumPy 提供了两个函数来创建等差序列。np.arange()函数类似 Python 自带的 range()函数，通过指定开始值、终值和步长来创建一维数组，创建的数组不含终值；np.linspace()函数通过指定开始值、终值和元素个数来创建一维等差数组。与 arange 不同，linspace 默认包含终值。

【程序代码】

```
>>> np.arange(0, 1, 0.2)
array([0. , 0.2, 0.4, 0.6, 0.8])
>>> np.linspace(0, 1, 5)
array([0.  , 0.25, 0.5 , 0.75, 1.  ])
```

【例 8-5】 创建一个等比序列。

【解析过程】NumPy 提供 np.geomspace()函数创建等比序列。np.geomspace()函数通过指定开始值、终值和元素个数来创建一维等比数组。

【程序代码】

```
>>> np.geomspace(1, 10, 5)
array([ 1.        ,  1.77827941,  3.16227766,  5.62341325, 10.        ])
```

【例 8-6】 创建一个全为 0 的数组。

【解析过程】NumPy 提供 np.zeros()函数创建等比序列。np.zeros()函数通过指定数组的 shape 值来创建一个全为 0 的数组。

【程序代码】

```
>>> np.zeros((3,4))
array([[0., 0., 0., 0.],
       [0., 0., 0., 0.],
       [0., 0., 0., 0.]])
```

【例 8-7】 创建一个全为 1 的数组。

【解析过程】NumPy 提供 np.ones()函数创建等比序列。np.ones()函数通过指定数组的 shape

值来创建一个全为 1 的数组。

【程序代码】

```
>>> np.ones((2,2,3))
array([[[1., 1., 1.],
        [1., 1., 1.]],

       [[1., 1., 1.],
        [1., 1., 1.]]])
```

【例 8-8】 创建一个单位矩阵。

【解析过程】单位矩阵是指主对角线上的元素为 1，其他元素为 0 的二维数组。NumPy 提供 np.eye()函数通过指定行元素个数 N 和列元素个数 M 来设定二维数组的 shape 属性。如果不给定列元素个数 M，则会生成一个 $N \times N$ 的矩阵。

【程序代码】

```
>>> np.eye(3)
array([[1., 0., 0.],
       [0., 1., 0.],
       [0., 0., 1.]])
>>> np.eye(3, 4)
array([[1., 0., 0., 0.],
       [0., 1., 0., 0.],
       [0., 0., 1., 0.]])
```

【例 8-9】 创建一个对角线矩阵。

【解析过程】对角线矩阵中除主对角线以外的其他元素都为 0，主对角线上的元素可以是 0 或其他值。NumPy 提供 np.diag()函数，通过指定对角线元素的值来生成一个 $N \times N$ 的矩阵。

【程序代码】

```
>>> np.diag((4, 8, 5))
array([[4, 0, 0],
       [0, 8, 0],
       [0, 0, 5]])
```

【例 8-10】 创建一个随机数组。

【解析过程】Python 自带了一个 random 模块用来生成随机数，但是 random 模块的函数每次都只能生成一个随机数。NumPy 提供了功能更为强大的随机数生成模块 np.random。该模块除了提供若干类 Python 的 random()函数用来生成随机数组之外，还提供了生成服从多种概率分布的随机数的函数。

【程序代码】

```
>>> np.random.random(10)
array([0.13468894, 0.9416442 , 0.05317476, 0.37598783, 0.2917283 ,
       0.80312643, 0.82699343, 0.88052054, 0.33090729, 0.23855588])
>>> np.random.rand(10)
array([0.94519314, 0.88098688, 0.01846837, 0.12638659, 0.46586831,
       0.5180562 , 0.15194671, 0.13425982, 0.36946076, 0.90234012])
>>> np.random.randn(10)
array([-0.18922702, 0.38558271,-0.99220568, 0.15542263, 0.42460611,
        0.16335434,3.66759478,-0.03177559,-0.27221868,1.6611791 ])
```

注意，每次运行代码后生成的随机数组都不一样。

np.random.random()函数和 Python 的 random.random()函数类似，可以生成 0～1 的随机数，

并且是一次性地生成由 10 个随机数组成的数组；rand()函数可以生成服从均匀分布的随机数；randn()函数可以生成服从正态分布的随机数。

8.1.2 数组的数据类型

NumPy 极大程度地扩充了原生 Python 的数据类型，其中大部分数据类型是以数字结尾的，这个数字表示其在内存中占有的位数。数组的元素类型可以通过 dtype 属性获得。前面的例题中，a1 和 a2 的元素类型是整型，并且是 32 bit 的长整型。

【程序代码】

```
>>> a2.dtype
dtype('int32')
```

数组的数据类型可以在使用 array()函数创建数据时，通过指定 dtype 参数进行设置。NumPy 提供了若干数据类型，可以直接将 dtype 参数指定为这些数据类型，也可以使用一些特殊的字符串来表示数据类型，例如，可以用 d、float64 来表示双精度浮点型。下面的代码用来设定 array 的数据类型。

【程序代码】

```
>>> np.array([5, 4, 3, 8], dtype=np.complex128)
array([5.+0.j, 4.+0.j, 3.+0.j, 8.+0.j])
>>> np.array([4, 8, 10, 5], dtype=np.float64)
array([ 4.,  8., 10.,  5.])
>>> np.array([4, 8, 10, 5], dtype='d')
array([ 4.,  8., 10., 5.])
```

字符串和数据类型之间的对应关系都存储在 sctypeDict 字典中。字典的 key 就是 NumPy 提供的可以用来指定数据类型的字符串；字典的 value 就是 NumPy 提供的可用的数据类型。读者可以自行查看 sctypeDict 字典来进行学习。这里通过查看 sctypeDict 字典中的 value 来得到 NumPy 的数据类型。使用集合（set）是为了过滤重复的数据类型。

【程序代码】

```
>>> set(np.sctypeDict.values())
 {<class 'numpy.str_'>, <class 'numpy.object_'>, <class 'numpy.complex64'>, <class
'numpy.uint16'>, <class 'numpy.bytes_'>, <class 'numpy.float16'>, <class 'numpy.
clongdouble'>, <class 'numpy.int32'>, <class 'numpy.timedelta64'>, <class 'numpy.
complex128'>, <class 'numpy.uintc'>, <class 'numpy.int64'>, <class 'numpy.void'>,
<class 'numpy.longdouble'>, <class 'numpy.uint32'>, <class 'numpy.int16'>, <class
'numpy.uint64'>, <class 'numpy.intc'>, <class 'numpy.int8'>, <class 'numpy.uint8'>,
<class 'numpy.float64'>, <class 'numpy.bool_'>, <class 'numpy.float32'>, <class
'numpy.datetime64'>}
```

8.1.3 数组的大小

NumPy 除了使用 shape 属性来表示数组的形状外，还提供了表 8-1 所示的几种属性来表示数组的大小。

表 8-1 数组的属性

属性	说明
ndim	表示数组的维数
shape	表示数组的形状，对于 n 行 m 列的矩阵，shape 为(n,m)
size	表示数组元素的个数
itemsize	表示数组中单个元素的大小（以字节为单位）

ndim 属性表示数组的维数。前面例题中的 a1 的维数为 1，a2 的维数为 2。

【程序代码】

```
>>> a1.ndim
1
>>> a2.ndim
2
>>> a2.shape=2,2,3
>>> a2.ndim
3
```

size 属性表示数组元素的个数，其值等于数组行数和列数的乘积。

【程序代码】

```
>>> a1.size
4
>>> a2.size
12
```

itemsize 属性表示数组中单个元素的大小。前面例题中的 a1 的元素数据类型是整型，即占用 32bit，每字节长度为 8bit，所以占用 4 字节，则 itemsize 属性的值是 4。np.float64 占用 64bit，每字节长度为 8bit，所以占用 8 字节，则 itemsize 属性的值是 8。np.complex128 占用 128bit，每字节长度为 8bit，所以占用 16 字节，则 itemsize 属性的值是 16。

【程序代码】

```
>>> a1.itemsize
4
>>> np.array([5, 4, 3, 8], dtype=np.float64).itemsize
8
>>> np.array([5, 4, 3, 8], dtype=np.complex128).itemsize
16
```

8.1.4 通过索引访问数组

NumPy 提供了强大的索引功能来对数组元素进行访问。

（1）一维数组的索引

【例 8-11】 一维数组的索引的使用。

【解析过程】一维数组的索引方法和列表的索引方法一致，可以直接使用序号，也可以进行切片，还可以进行带步长的切片。

【程序代码】

```
>>> a = np.arange(12)
>>> a
array([ 0,  1,  2,  3,  4,  5,  6,  7,  8,  9, 10, 11])
>>> a[3]
3
>>> a[3:8]
array([3, 4, 5, 6, 7])
>>> a[:8]
array([0, 1, 2, 3, 4, 5, 6, 7])
>>> a[:-1]
array([ 0,  1,  2,  3,  4,  5,  6,  7,  8,  9, 10])
>>> a[3:5] = 90, 91
>>> a
array([ 0,  1,  2, 90, 91,  5,  6,  7,  8,  9, 10, 11])
```

```
>>> a[::2]
array([ 0,  2, 91,  6,  8, 10])
>>> a[::-1]
array([11, 10,  9,  8,  7,  6,  5, 91, 90,  2,  1,  0])
```

与列表不同的是，通过切片获取的新数组是原始数组的一个视图。它与原始数组共享同一块数据存储空间。下面的代码表明 b 和 a[3:7]共用存储空间，改变 b[1]的值，a[4]的值也同时发生了改变。

【程序代码】

```
>>> b = a[3:7]
>>> b
array([90, 91,  5,  6])
>>> b[1] = -4
>>> b
array([90, -4,  5,  6])
>>> a
array([ 0, 1, 2, 90, -4, 5, 6, 7, 8, 9, 10, 11])
```

（2）多维数组的索引

多维数组的存取和一维数组类似，因为多维数组有多个轴，因此它的序号需要用多个值表示，值与值之间用逗号分隔，每个值和数组的每个轴对应。

【例 8-12】 多维数组的索引的使用。

【解析过程】定义一个 6×6 的二维数组 a，其中的元素值为 $i\times10+j$，例如，a[2,3]＝23。数组的每个轴都可以采用切片形式进行定义，例如，a[1,2:5]截取的是第 1 行的第 2 列～第 4 列元素（以 0 开始）。下面的代码展示了二维数组的各种切片方式。

【程序代码】

```
>>> a
array([[ 0,  1,  2,  3,  4,  5],
       [10, 11, 12, 13, 14, 15],
       [20, 21, 22, 23, 24, 25],
       [30, 31, 32, 33, 34, 35],
       [40, 41, 42, 43, 44, 45],
       [50, 51, 52, 53, 54, 55]])
>>> a[2,3]
23
>>> a[1, 2:5]
array([12, 13, 14])
>>> a[:,3]
array([ 3, 13, 23, 33, 43, 53])
>>> a[3:, 4:]
array([[34, 35],
      [44, 45],
      [54, 55]])
>>> a[1:4:2, ::3]
array([[10, 13],
       [30, 33]])
```

（3）数组的高级索引

NumPy 还提供了整数列表、整数数组和布尔数组等多种高级索引方法。

【例 8-13】 数组的高级索引。

【解析过程】当使用整数列表对数组元素进行存取时，将使用列表中的每个元素作为序号。

这样得到的数组不和原始数组共享数据。例如，a[[3,4,1,4]]是获取数组 a 中序号为 3、4、1、4 的 4 个元素组成一个新的数组。如果使用布尔数组进行索引，则布尔数组的长度必须和数组的长度一致，布尔数组中为真的位置的元素将被取出来，为假的位置的元素将被过滤。

【程序代码】

```
>>> a = np.arange(10)
>>> a
array([0, 1, 2, 3, 4, 5, 6, 7, 8, 9])
>>> a[[3,4,1,4]]
array([3, 4, 1, 4])
>>> a[np.array([1, 3, 1, 7])]
array([1, 3, 1, 7])
>>> a = np.random.randint(10,size=5)
>>> a
array([1, 8, 3, 2, 6])
>>> a[[False, True, False, True, True]]
array([8, 2, 6])
```

8.1.5　变换数组的形态

NumPy 除了提供直接修改 shape 属性的方法来改变数组的形状外，还提供了 reshape()函数来改变数组的形状。reshape()函数不会改变原始数组的形状，新生成的数组与原始数组共享同一块数据存储空间。

【程序代码】

```
>>> a = np.arange(12)
>>> a
array([ 0,  1,  2,  3,  4,  5,  6,  7,  8,  9, 10, 11])
>>> b = a.reshape(4,3)
>>> b
array([[ 0,  1,  2],
       [ 3,  4,  5],
       [ 6,  7,  8],
       [ 9, 10, 11]])
>>> b[2,1] = 21
>>> b
array([[ 0,  1,  2],
       [ 3,  4,  5],
       [ 6, 21,  8],
       [ 9, 10, 11]])
>>> a
array([ 0,  1,  2,  3,  4,  5,  6, 21,  8,  9, 10, 11])
```

【例 8-14】 将一个多维数组展平。

【解析过程】展平一个多维数组是指将其还原成一个一维数组。NumPy 提供了 np.ravel()和 np.flatten()两个函数来实现展平。np.ravel()实现了横向展平；np.flatten()除了实现横向展平外，还提供了纵向展平功能。

【程序代码】

```
>>> a = np.arange(12).reshape(3,4)
>>> a
array([[ 0,  1,  2,  3],
       [ 4,  5,  6,  7],
       [ 8,  9, 10, 11]])
```

```
>>> a.ravel()
array([ 0,  1,  2,  3,  4,  5,  6,  7,  8,  9, 10, 11])
>>> a.flatten('F')
array([ 0,  4,  8,  1,  5,  9,  2,  6, 10,  3,  7, 11])
>>> a.flatten()
array([ 0,  1,  2,  3,  4,  5,  6,  7,  8,  9, 10, 11])
```

8.1.6 常用的 ufunc 运算

ufunc（通用函数）是指能够对数组中的所有元素进行操作的函数，并且都以数组作为输出。

常用的 ufunc 运算有四则运算、比较运算和逻辑运算等。

【例 8-15】 矩阵的四则运算。

【解析过程】ufunc 提供的四则运算都遵循矩阵的四则运算规则。下面的代码展示了矩阵和整数进行运算的结果，以及两个矩阵进行四则运算的结果。

【程序代码】

```
>>> a = np.arange(9).reshape(3,3)
>>> a
array([[0, 1, 2],
       [3, 4, 5],
       [6, 7, 8]])
>>> b = a+10
>>> b
array([[10, 11, 12],
       [13, 14, 15],
       [16, 17, 18]])
>>> a+b
array([[10, 12, 14],
       [16, 18, 20],
       [22, 24, 26]])
>>> a-b
array([[-10, -10, -10],
       [-10, -10, -10],
       [-10, -10, -10]])
>>> a*b
array([[  0,  11,  24],
       [ 39,  56,  75],
       [ 96, 119, 144]])
>>> a/b
array([[0.        , 0.09090909, 0.16666667],
       [0.23076923, 0.28571429, 0.33333333],
       [0.375     , 0.41176471, 0.44444444]])
```

【例 8-16】 矩阵的比较运算。

【解析过程】ufunc 提供了完整的比较运算符：>、<、>=、<=、==、!=。比较运算返回的结果是一个布尔数组，其每个元素为数组对应元素的比较运算结果。此外，NumPy 提供 np.all()函数表示逻辑与运算（and），np.any()函数表示逻辑或运算（or），其运算数为一个布尔数组。

【程序代码】

```
>>> a = np.array([[1, 3, 2],  [8, 4, 5],  [1, 0, 3]])
>>> b = np.array([[9, 7, 2],  [6, 7, 5],  [7, 1, 2]])
```

```
>>> a > b
array([[False, False, False],
       [ True, False, False],
       [False, False,  True]])
>>> a < b
array([[ True,  True, False],
       [False,  True, False],
       [ True,  True, False]])
>>> a >= b
array([[False, False,  True],
       [ True, False,  True],
       [False, False,  True]])
>>> a <= b
array([[ True,  True,  True],
       [False,  True,  True],
       [ True,  True, False]])
>>> a == b
array([[False, False,  True],
       [False, False,  True],
       [False, False, False]])
>>> a != b
array([[ True,  True, False],
       [ True,  True, False],
       [ True,  True,  True]])
>>> np.all(a > b)
False
>>> np.any (a > b)
True
```

NumPy 提供了三角函数、随机和概率分布、基本数值统计、傅里叶变换、矩阵运算等丰富的函数运算，读者可以根据实际需要来进行学习。

8.2　数据可视化

Matplotlib 是 Python 知名的绘图库之一，它提供了一整套和 MATLAB 类似的绘图函数集，十分适合编写短小的脚本程序，进行快速绘图。近年来，Matplotlib 在开源社区的推动下在科学计算领域得到了广泛的应用。

Matplotlib 的文档十分完备，汇集了上百幅图表的缩略图及源程序。读者如果需要绘制某种类型的图表，可以从中找到相应的例子进行学习。

8.2.1　使用 pyplot 模块绘图

Matplotlib 的 pyplot 模块提供了和 MATLAB 类似的绘图应用程序接口（Application Programming Interface，API），方便用户快速绘制二维图表。本书的示例程序将用以下方式引入 pyplot 模块：

```
>>> import matplotlib.pyplot as plt
```

【例 8-17】 绘制一个周期正弦曲线。

【解析过程】正弦曲线的周期为 0～2π。在 x 轴上 0～1 以 0.01 为间隔取 100 个数据，则对应的 y 轴坐标就为 sin(2*π*x)。使用 pyplot.plot()函数绘制图形；pyplot.show()函数显示图形；

pyplot.save()函数保存图形。

【程序代码】

```
import numpy as np
import matplotlib.pyplot as plt
t = np.arange(0.0, 1.0, 0.01)
s = np.sin(2*np.pi*t)
fig, ax = plt.subplots()
ax.set_ylabel('volts')
ax.set_title('a sine wave')
ax.plot(t, s, color='blue', lw=2)
plt.show()
```

运行结果如图 8-1 所示。

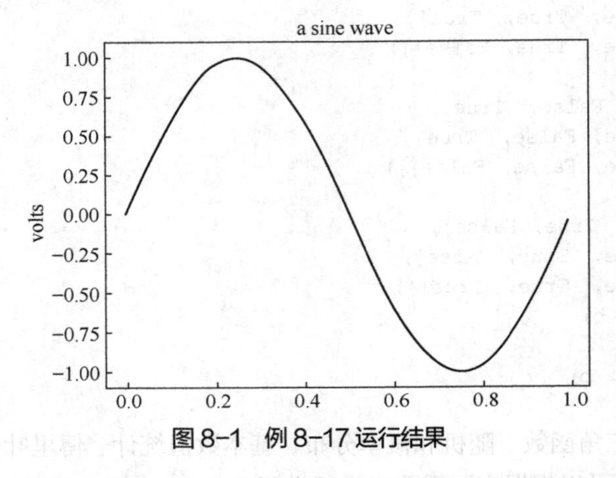

图 8-1 例 8-17 运行结果

pyplot 模块调用 subplots()函数创建 figure 和 axes，当参数使用默认值时创建 axes。axes 在英文里是 axis 的复数形式，代表的是 figure 中的一套坐标轴。

ax.set_ylabel('volts')设置 y 轴的标签名称，同理，ax.set_xlabel 设置 x 轴的标签名称。set_title()用于设置子图的标题。

axes 对象提供了众多的参数用来配置子图，这些参数的值均可使用形如"set_<参数名>()"的函数来进行设置。以下列出了一些常用的参数。

- xlim、ylim：分别设置 x 轴、y 轴的显示范围。
- legend：显示图例，即图中表示每条曲线的标签（label）和样式的矩形区域。
- visible：设置子图是否可见。
- xticks、yticks：分别设置 x 轴、y 轴的刻度。
- xticklabels、yticklabels：分别设置 x 轴、y 轴刻度的标签。

8.2.2 属性配置

除了 axes 对象可以通过 set_*()函数设置相应的属性，事实上，在 pyplot 模块中的每一个组成部分都和一个对象对应，而每一个对象都有若干属性，绝大多数的属性都可以通过调用该对象的 set_*()方法来进行设置。除此之外，pyplot 模块提供了一个 setp()函数来设置对象的属性。

【例 8-18】 用虚线绘制正弦曲线。

【解析过程】我们可以通过设置 linestyle 属性，将图 8-1 所示的正弦曲线用虚线来显示。

【程序代码】

```
line = ax.plot(t, s, color='blue', lw=2)[0] # plot()返回一个对象列表
line.set_linestyle('--')    # 调用 set_*()函数设置线型
```

运行结果如图 8-2 所示。

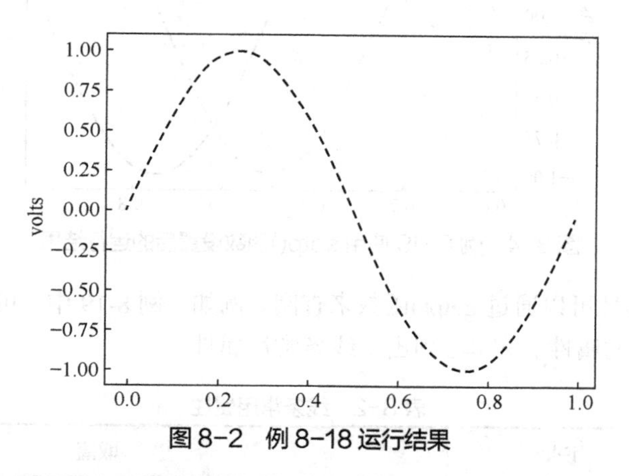

图 8-2　例 8-18 运行结果

【例 8-19】 同时绘制正弦曲线和余弦曲线。

【解析过程】plot()函数可以同时绘制多条曲线，只需要改变 ax.plot()函数的参数就可以实现同时绘制正弦曲线和余弦曲线。ax.plot()的返回值 lines 是一个有 2 个 Line2D 对象的列表。

【程序代码】

```
lines = ax.plot(t, np.sin(2*np.pi*t), t, np.cos(2*np.pi*t))
```

运行结果如图 8-3 所示。

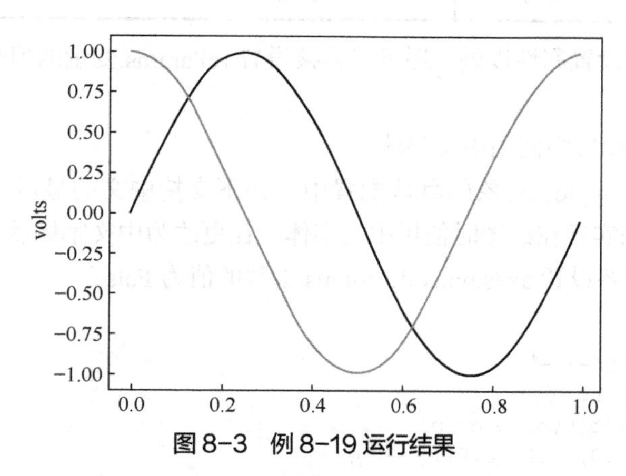

图 8-3　例 8-19 运行结果

使用 setp()函数可以同时对多个对象设置多个属性。在例 8-19 的代码中添加下面的代码就可以实现对两条曲线的颜色、线宽和线型进行设置。

【程序代码】

```
plt.setp(lines, color='r', linewidth=3, linestyle='-.')
```

运行结果如图 8-4 所示。

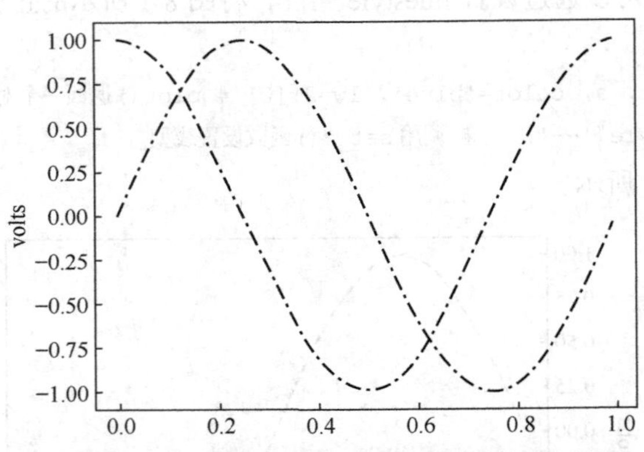

图 8-4 例 8-19 使用 setp()函数设置后的运行结果

pyplot 对象的属性可以通过 getp()函数来查阅。例如，例 8-19 中，可以通过 getp(lines[0]) 来查看 Line2D 对象的属性。表 8-2 列出了线条常用属性。

表 8-2 线条常用属性

属性	说明	取值
antialiased	反锯齿效果	True/False，默认为 True
color	线条的颜色	“r”“g”或 RGB 值
linestyle	线条的样式	“-”“--”“-.”“:”4 种，默认为“-”
linewidth	线条的宽度	0～10，默认为 1.5
marker	点的形状	“o”“.”等 20 种，默认为 None
visible	线条是否可见	True/False，默认为 True

除了使用函数来设置属性以外，还可以直接设置 rcParams 变量的值来实现对 pyplot 对象的属性设置。

【例 8-20】 在图形中使用中文字体。

【解析过程】在 pyplot 对象的默认配置中，并不支持中文的显示，因此需要通过设置 font.sans-serif 参数来实现在绘图时使用中文字体。在更改为中文字体后，部分字符可能无法正确显示，因此还需要设置 axes.unicode_minus 参数的值为 False。

【程序代码】

```
# -*- coding: utf-8 -*-
import numpy as np
import matplotlib.pyplot as plt
t = np.arange(0.0, 1.0, 0.01)
s = np.sin(2*np.pi*t)
plt.rcParams['font.sans-serif'] = 'SimHei'
plt.rcParams['axes.unicode_minus'] = False
fig, ax = plt.subplots()
ax.set_title('sin 曲线')
ax.plot(t, s, color='blue', lw=2)
plt.show()
```

运行结果如图 8-5 所示。

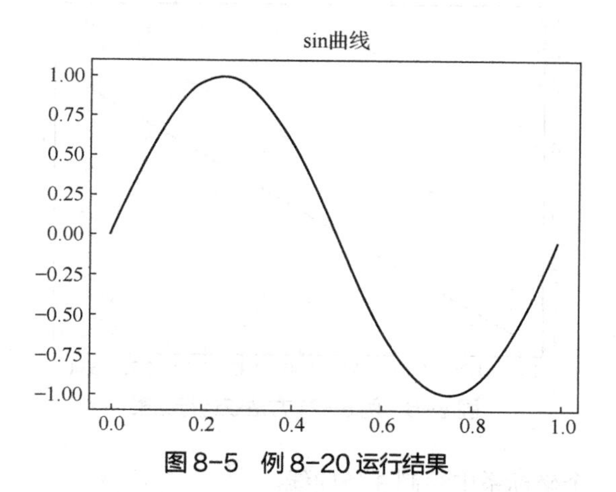

图 8-5　例 8-20 运行结果

8.2.3　绘制线形图

pyplot 模块提供了 plot()函数，用以绘制线形图。

【语法格式】

```
plot([x], y, [fmt], *, **kwargs)
```

【参数说明】

- x 为数组，用来表示线上节点的横坐标。x 可以省略。如果 x 省略，则 x 取值为 0～N-1（N 是数组 y 的长度）。
- y 为数组，用来表示线上节点的纵坐标。
- fmt 为字符串。其值为前面所讲到的 color、marker 和 linestyle 的值的组合。
- kwargs 为字典，用于对应的参数设置。

例如，下面的两行代码是等价的。

```
>>> plot(x, y, 'bo--')
>>> plot(x, y, color='blue', marker='o', linestyle='dashed')
```

【例 8-21】 在一个坐标系中绘制多条曲线。

【方法一】在一个坐标系中绘制多条曲线，最直接的方法就是多次调用 plot()函数。

【程序代码 1】

```
>>> plot(x1, y1, 'bo')
>>> plot(x2, y2, 'g. ')
```

【方法二】可以直接在 plot()函数中添加多条曲线的参数。

【程序代码 2】

```
>>> plot(t, np.sin(2*np.pi*t), 'bo', t, np.cos(2*np.pi*t), 'g. ')
```

【方法三】若多条曲线共用 x 坐标，则还有另一种绘制多条曲线的方法。

【程序代码 3】

```
>>> x = [1, 2, 3]
>>> y = np.array([[1, 2], [3, 4], [5, 6]])
>>> plot(x, y)
```

运行结果如图 8-6 所示。

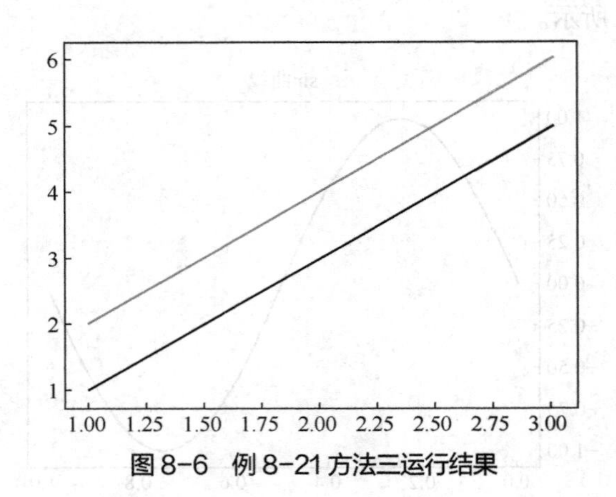

图 8-6　例 8-21 方法三运行结果

【例 8-22】 在一个坐标系中绘制 3 条曲线。

【解析过程】

① 设置显示中文所需要的参数。

② 定义生成曲线所需要的数组。

③ 使用 plot()绘制图形。

④ 设置 pylot 对象的各种参数。

⑤ 使用 pyplot.show()显示图形。

【程序代码】

```
# -*- coding: utf-8 -*-
import numpy as np
import matplotlib.pyplot as plt
import matplotlib.text as text
plt.rcParams['font.sans-serif'] = 'SimHei'
plt.rcParams['axes.unicode_minus'] = False
a = np.arange(0, 3, .02)
b = np.arange(0, 3, .02)
c = np.exp(a)
d = c[::-1]
fig, ax = plt.subplots()
plt.plot(a, c, 'k--', a, d, 'k:', a, c + d, 'k')
plt.legend(('模型长度', '数据长度', '消息总长度'),
              loc='upper center', shadow=True)
plt.ylim([-1, 20])
plt.grid(False)
plt.xlabel('模型复杂度 --->')
plt.ylabel('消息长度 --->')
plt.title('最小消息长度')
def myfunc(x):
    return hasattr(x, 'set_color') and not hasattr(x, 'set_facecolor')
for o in fig.findobj(myfunc):
    o.set_color('blue')
plt.show()
```

运行结果如图 8-7 所示。

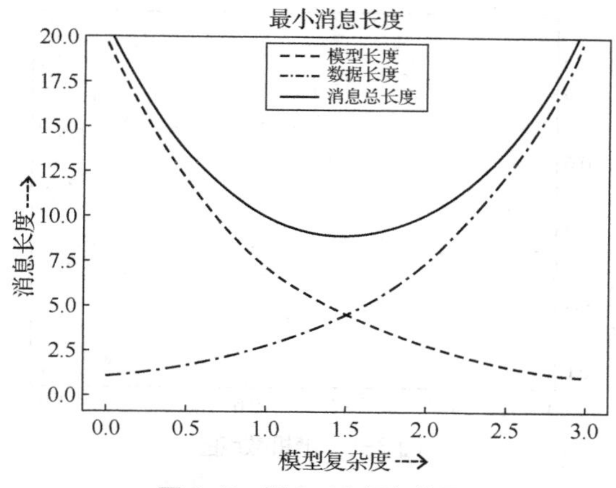

图 8-7　例 8-22 运行结果

8.2.4　绘制散点图

散点图是指数据点在直角坐标系上的分布图，也称为散点分布图，用以表示因变量随自变量变化的大致趋势。散点图可以提供以下关键信息。

（1）变量之间是否存在数量关联趋势，如果存在关联趋势，是直线的还是曲线的。

（2）如果有某一个点或某几个点偏离大多数点，也就是离群值，通过散点图可以一目了然。这有利于进一步分析这些离群值是否可能在建模分析中对总体产生很大影响。

pyplot 模块提供了 sactter()函数，用来绘制散点图。

【语法格式】

```
    scatter(x, y, s=None, c=None, marker=None, cmap=None, norm=None, vmin=None,
vmax=None, alpha=None, linewidths=None, *, edgecolors=None, plotnonfinite=False,
data=None, **kwargs)
```

【参数说明】

- x,y 为数组，用来表示要绘制的点的坐标。
- s 为浮点型或数组，表示点的大小。如果是数组，则数组元素的值表示对应点的大小。
- c 表示点的颜色。如果是数组，则数组元素的值表示对应点的颜色。
- marker 表示点的形状。
- alpha 表示透明度，取值为 0～1。

scatter()函数的参数只有 x 和 y 是必须提供的。下面的代码绘制了一个随机散点图。

【程序代码】

```
>>> np.random.seed(20210901)
>>> x, y = np.random.rand(2, 30)
>>> plt.scatter(x,y)
```

运行结果如图 8-8 所示。

使用 np.random.seed(20210901)，可以使每次生成的随机散点图都和图 8-8 一样。

可以通过设置参数 s 和参数 c 来设定每一个点的大小和颜色。

【程序代码】

```
>>> np.random.seed(20210901)
>>> x, y, s, c = np.random.rand(4, 30)
>>> s *= 10**2.
>>> plt.scatter(x, y, s, c, marker='v')
```

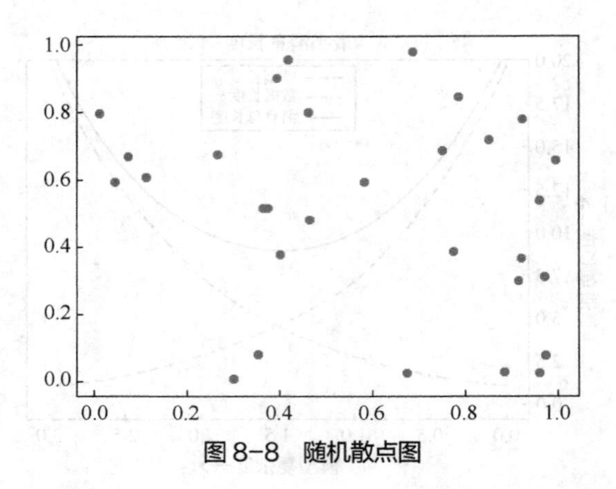

图 8-8 随机散点图

运行结果如图 8-9 所示。

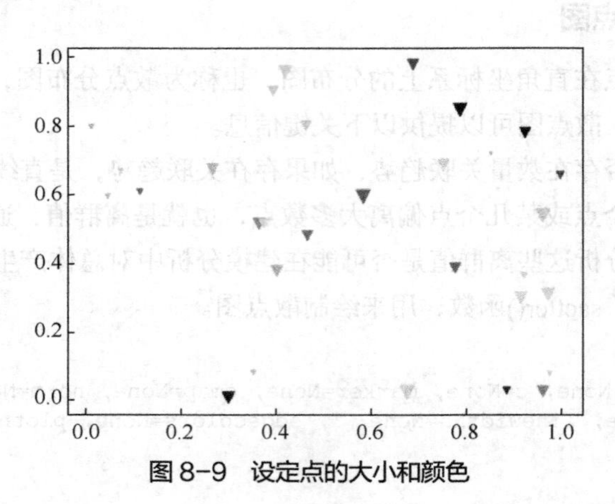

图 8-9 设定点的大小和颜色

参数 marker 用来表示点的形状。Matplotlib 为点的绘制提供了众多的形状，表 8-3 列出了参数 marker 常见的取值。

表 8-3 参数 marker 常见取值

marker 值	描述	marker 值	描述
"."	点	"x"	X 形
","	像素	"s"	正方形
"o"	圆圈	"p"	五边形
"v"	向下的三角形	"*"	五角星
"^"	向上的三角形	"h"	六边形 1
"<"	向左的三角形	"H"	六边形 2
">"	向右的三角形	"8"	八边形
"+"	加号	"P"	实心的加号
"|"	竖线	"D"	菱形
"_"	横线	"d"	瘦菱形

【例 8-23】 绘制散点图，使点在半径为 0.6 的圆内显示为圆形，其余为三角形。

【解析过程】对于随机生成的点，用半径为 0.6 的圆将其分为两个部分，圆内的使用圆形进行绘制，圆外的使用三角形进行绘制。

【程序代码】

```
import matplotlib.pyplot as plt
import numpy as np
np.random.seed(20210901)
N = 100
r0 = 0.6
x = 0.9 * np.random.rand(N)
y = 0.9 * np.random.rand(N)
area = (20 * np.random.rand(N))**2  # 0 to 10 point radii
c = np.sqrt(area)
r = np.sqrt(x ** 2 + y ** 2)
area1 = np.ma.masked_where(r < r0, area)
area2 = np.ma.masked_where(r >= r0, area)
plt.scatter(x, y, s=area1, marker='^', c=c)
plt.scatter(x, y, s=area2, marker='o', c=c)
theta = np.arange(0, np.pi / 2, 0.01)
plt.plot(r0 * np.cos(theta), r0 * np.sin(theta))
plt.show()
```

运行结果如图 8-10 所示。

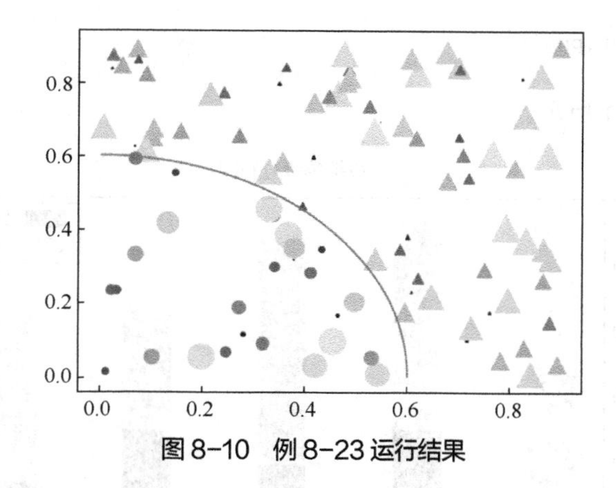

图 8-10　例 8-23 运行结果

8.2.5　绘制直方图

直方图（Histogram）又叫质量分布图，是一种统计报告图，由一系列高度不等的纵向条纹或线段表示数据分布的情况。一般用横轴表示数据类型，纵轴表示分布情况。通过直方图可以较直观地看出产品质量特性的分布状态。

pyplot 模块提供了 bar()函数，用来绘制直方图。

【语法格式】

```
bar(x, height, width=0.8, bottom=None, *, align='center', data=None, **kwargs)
```

【参数说明】

- x 为数组，表示直方图的横轴坐标。
- height 为数组，表示直方图的高度。

- width 为 0～1 的浮点型，表示直方图的宽度，默认值为 0.8。width 也可以为数组，数组中的每一个元素值为对应的直方图的宽度。
- bottom 为浮点型或数组，表示直方图的纵轴的起始坐标，默认值为 0。

【例 8-24】 使用直方图显示学生的成绩等级分布图。

【方法一】使用参数 bottom 将女生的直方图画在男生的直方图上面。

【程序代码 1】

```
# -*- coding: utf-8 -*-
import matplotlib.pyplot as plt
plt.rcParams['font.sans-serif'] = 'SimHei'
plt.rcParams['axes.unicode_minus'] = False
labels = ['不及格', '及格', '中', '良', '优']
men_means = [20, 35, 30, 35, 27]
women_means = [25, 32, 34, 20, 25]
width = 0.35       # 直方图的宽度
fig, ax = plt.subplots()
ax.bar(labels, men_means, width, label='男', color='black')
ax.bar(labels, women_means, width,  bottom=men_means,
        label='女', color='darkgray')
ax.set_ylabel('人数')
ax.set_title('成绩等级分布图')
ax.legend()
plt.savefig('m006.png')
plt.show()
```

运行结果如图 8-11 所示。

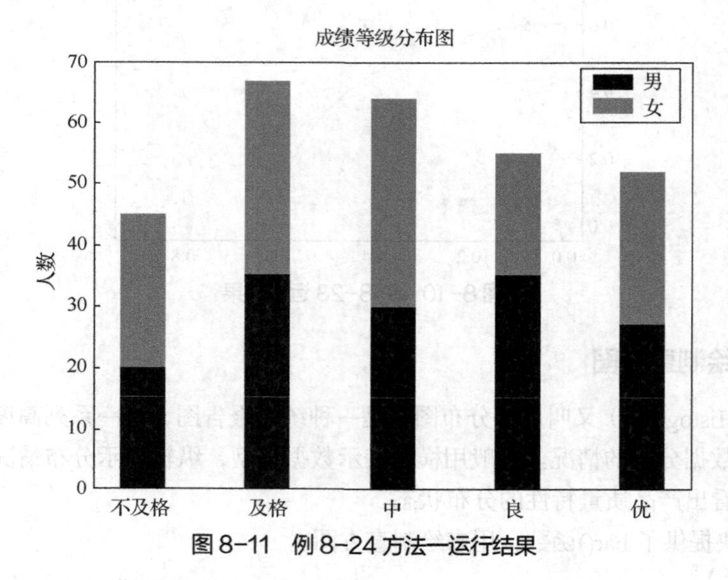

图 8-11　例 8-24 方法一运行结果

【方法二】通过改变 x 的大小实现分组直方图。

【程序代码 2】

```
# -*- coding: utf-8 -*-
import matplotlib.pyplot as plt
import numpy as np
```

```
plt.rcParams['font.sans-serif'] = 'SimHei'
plt.rcParams['axes.unicode_minus'] = False
labels = ['不及格', '及格', '中', '良', '优']
men_means = [20, 35, 30, 35, 27]
women_means = [25, 32, 34, 20, 25]
x = np.arange(len(labels))
width = 0.35
fig, ax = plt.subplots()
rects1 = ax.bar(x-width/2, men_means, width, label='男', color='black')
rects2 = ax.bar(x+width/2, women_means, width, label='女', color='darkgray')
ax.set_ylabel('人数')
ax.set_title('成绩等级分布图')
ax.set_xticks(x)
ax.set_xticklabels(labels)
ax.legend()
ax.bar_label(rects1, padding=3)
ax.bar_label(rects2, padding=3)
fig.tight_layout()
plt.show()
```

运行结果如图 8-12 所示。

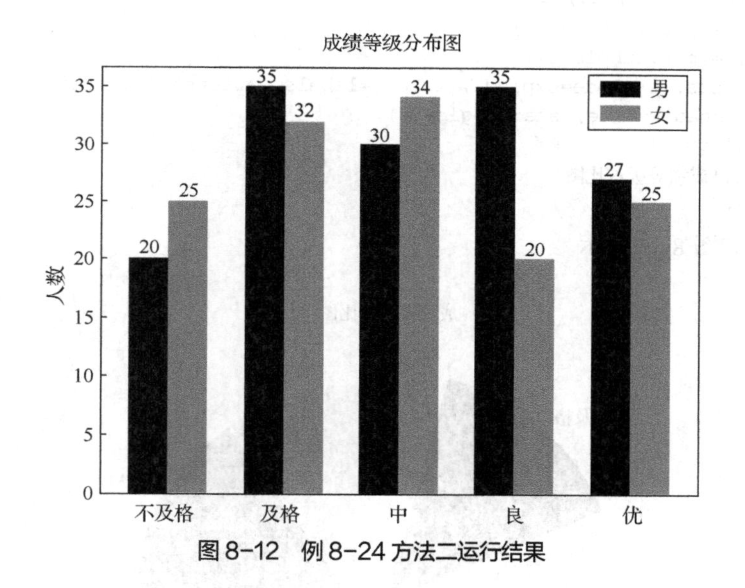

图 8-12　例 8-24 方法二运行结果

8.2.6　绘制饼图

饼图（Pie Graph）用于显示数据系列中各项的大小与各项总和的比例。饼图只有一个数据系列。饼图可以直观地显示部分与部分、部分与整体之间的比例关系。

pyplot 模块提供了 pie()函数，用来绘制饼图。

【语法格式】

```
pie(x, explode=None, labels=None, colors=None, autopct=None, pctdistance=0.6, shadow=False, labeldistance=1.1, startangle=0, radius=1, counterclock=True, wedgeprops=None, textprops=None, center=(0, 0), frame=False, rotatelabels=False, *, normalize=None, data=None)
```

【参数说明】

- x 为数组，表示饼图的数据。
- explode 为数组，表示对应的饼图和圆心之间的距离为 *n* 个半径。
- labels 为列表，表示每一项的名称。
- colors 为数组，表示对应的饼图颜色。
- autopct 为字符或函数，表示数值的显示方式。
- pctdistance 为浮点型，表示每一项的数值（autopct）距离圆心为 *n* 个半径。
- labeldistance 为浮点型，表示每一项的名称（labels）距离圆心为 *n* 个半径。
- radius 为浮点型，表示半径的长度。

【例 8-25】 显示一个成绩等级占比图。

【程序代码】

```
# -*- coding: utf-8 -*-
import matplotlib.pyplot as plt
plt.rcParams['font.sans-serif'] = 'SimHei'
plt.rcParams['axes.unicode_minus'] = False
labels = ['不及格', '及格', '中', '良', '优']
sizes = [5, 15, 30, 45, 10]
explode = (0, 0.1, 0, 0, 0)
fig1, ax1 = plt.subplots()
ax1.pie(sizes, explode=explode, labels=labels, autopct='%1.1f%%',
        shadow=True, startangle=90)
ax1.axis('equal')
ax1.title('成绩等级占比图')
plt.show()
```

运行结果如图 8-13 所示。

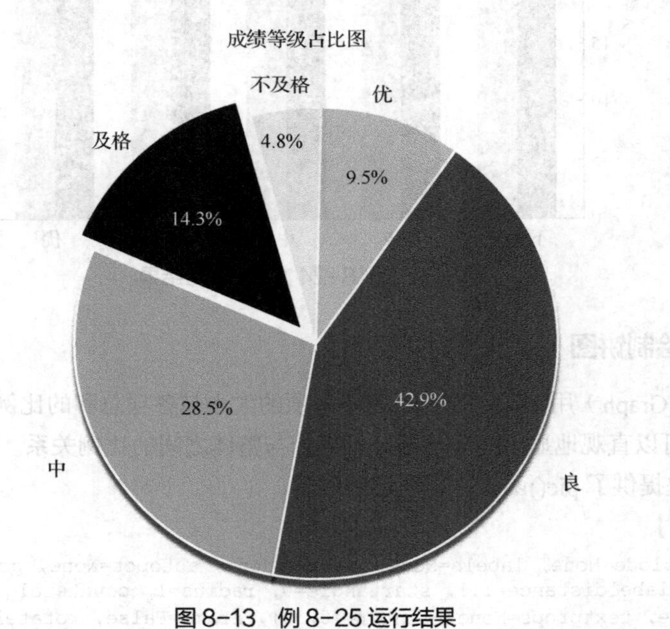

图 8-13 例 8-25 运行结果

8.3　本章小结

本章简要介绍了用于科学计算的 NumPy 库和实现数据可视化的 Matplotlib 库中的 pyplot 模块的应用，展示了 Python 在科学计算中的强大能力，体现了 Python 的广泛适用性。

习题 8

1. 创建一个 0～1、间隔为 0.01 的数组 1 和服从正态分布的 100 个随机数的数组 2，并对这两个数组进行加减运算。

2. 随机生成两个 4×4 的矩阵，并计算它们的乘积。

3. 绘制笛卡儿心形线。当一个圆沿着另一个半径相同的圆滚动时，圆上一点的轨迹就是笛卡儿心形线。使用 NumPy 库和 Matplolib 库绘制。

第 9 章 数据分析

数据分析是指用适当的统计、分析方法对收集来的大量数据进行汇总、理解和消化，以求最大化地开发数据的功能，发挥数据的作用。数据分析是为了提取有用信息和形成结论而对数据加以详细研究和概括总结的过程。数据分析结果包括数据集中趋势、离散趋势和峰度与偏度等。本章将介绍如何使用第三方库 pandas 来进行数据分析。

本书的示例程序将用以下方式引入 pandas 库：

```
>>> import pandas as pd
```

9.1 使用 pandas 读写数据

数据读取是进行数据预处理、建模与分析的前提。pandas 库内置了十余种数据源读写方法。常见的数据源包括文本文件（一般文本文件和 CSV 文件）和 Excel 文件。

9.1.1 读写文本文件

文本文件是一种由若干字符构成的计算机文件。文本文件中除了存储有效字符信息（包括能用 ASCII 代码表示的回车、换行等信息）外，不能存储其他任何信息。CSV 文件代码以纯文本形式存储表格数据（数字和文本）。CSV 文件由任意多条记录组成，记录间以某种换行符分隔；每条记录由字段组成，字段间的分隔符是逗号。

（1）文本文件的读取

pandas 库提供了 read_table()函数读取文本文件，提供了 read_csv()函数读取 CSV 文件。CSV 文件是一种特殊的文本文件，因此 CSV 文件可以使用 read_table()函数进行读取；同理，如果文本文件是字符分隔文件，也可以使用 read_csv()函数进行读取。

【语法格式】

```
pandas.read_table(filepath_or_buffer, sep=<no_default>, delimiter=None, header='infer', names=NoDefault.no_default, index_col=None, dtype=None, engine=None, nrows=None, ...)
```

【参数说明】

- filepath_or_buffer：必需参数，字符或文件对象，表示要读取的文本文件的路径或文件对象。
- sep：字符，表示字段分隔符，默认为制表符“\t”。read_csv()中默认为“,”。
- delimiter：sep 的别名。
- header：整型或整型列表，表示把某行数据作为列名，默认为“infer”，表示自动识别。
- names：数组，表示列名。
- index_col：整型或字符或列表，表示把某列或某些列指定为索引列，默认为 None。
- dtype：字典，表示对应列的数据类型，默认为 None。
- engine：'c'或'python'，表示使用的解析引擎。C 语言的引擎速度更快，而 Python 语言的引擎目前功能更完整。默认使用 C 语言引擎。
- nrows：整型，表示读取文件中的行数，常用于大文件的片段读取，默认为 None。

read_csv()函数的参数和 read_table()函数的参数是一样的。read_table()和 read_csv()执行成功后，都会返回结构化数据 DataFrame。DataFrame 是 pandas 库提供的二维的、大小可变的表格数据。

【例 9-1】 从鸢尾花数据集文本文件中读取数据。

【解析过程】使用 pandas 库的 read_table()函数读取文本文件，文本文件中数据间使用空格符分隔。

【程序代码】

```
>>> df = pd.read_table('iris.txt', sep=' ')
```

```
>>> df
    Sepal.Length  Sepal.Width  Petal.Length  Petal.Width     Species
1            5.1          3.5           1.4          0.2      setosa
2            4.9          3.0           1.4          0.2      setosa
3            4.7          3.2           1.3          0.2      setosa
4            4.6          3.1           1.5          0.2      setosa
5            5.0          3.6           1.4          0.2      setosa
..           ...          ...           ...          ...         ...
146          6.7          3.0           5.2          2.3   virginica
147          6.3          2.5           5.0          1.9   virginica
148          6.5          3.0           5.2          2.0   virginica
149          6.2          3.4           5.4          2.3   virginica
150          5.9          3.0           5.1          1.8   virginica

[150 rows x 5 columns]
>>> df.shape
(150, 5)
```

【例 9-2】 从鸢尾花数据集 CSV 文件中读取数据。

【解析过程】pandas 库提供了 read_csv()函数读取 CSV 文件，因为 CSV 文件是特殊的文本文件，因此也可以使用 read_table()函数来读取 CSV 文件。需要注意的是，鸢尾花数据集的 CSV 文件和文本文件略有区别，因此需要指定 index_col=0 才能得到和例 9-1 完全等价的结果。

【程序代码】

```
>>> pd.read_csv('iris.csv', index_col=0)
>>> pd.read_table('iris.csv', index_col=0, sep=',')
```

（2）文本文件的存储

文本文件的存储和读取类似，pandas 库提供了 to_csv()函数，用于将结构化数据 DataFrame 存储到 CSV 文件中。

【语法格式】

```
DataFrame.to_csv(path_or_buf=None, sep=',', na_rep='', float_format=None,
columns=None, header=True, index=True, index_label=None, mode='w', encoding=None,
compression='infer', quoting=None, quotechar='"', line_terminator=None, chunksize=None,
date_format=None, doublequote=True, escapechar=None, decimal='.', errors='strict',
storage_options=None)
```

【参数说明】

- path_or_buf：字符或文件对象，表示要存储的 CSV 文件的路径或文件对象，默认为 None，表示将生成的结果字符串输出到标准输出设备。
- sep：字符，表示分隔符，默认为“,”。
- na_rep：字符，表示缺失值的替代符，默认为空字符。
- float_format：字符，表示浮点型的表示方式，默认为 None。
- columns：数组，表示要存储的列，默认为 None。
- header：布尔型，表示是否写入列名，默认为 True。
- index：布尔型，表示是否写出行名，默认为 True。
- mode：字符，表示文件的写入模式，默认为 w。
- encoding：字符，表示存储文件的编码格式，默认为 None。

【程序代码】

```
>>> df = pd.DataFrame({'name': ['Raphael', 'Donatello'],
                    'mask': ['red', 'purple'],
                    'weapon': ['sai', 'bo staff']})
>>> print(df.to_csv())
,name,mask,weapon
0,Raphael,red,sai
1,Donatello,purple,bo staff
```

9.1.2　读写 Excel 文件

Excel 是微软公司开发的 Microsoft Office 办公软件套装中的电子表格软件。它可以对数据进行处理、统计分析等，目前在市场上占有统治地位，成为电子表格软件的实际标准。

（1）Excel 文件的读取

pandas 库提供了 read_excel()函数来读取 Excel 文件。read_excel()可以对 Excel 2007+（.xlsx）文件、Excel 2003（.xls）文件和二进制 Excel 文件（.xlsb）进行读取。

【语法格式】

```
    pandas.read_excel(io, sheet_name=0, header=0, names=None, index_col=None,
usecols=None, squeeze=False, dtype=None, engine=None, converters=None, true_values=None,
false_values=None, skiprows=None, nrows=None, na_values=None, keep_default_na=True,
na_filter=True, verbose=False, parse_dates=False, date_parser=None, thousands=None,
comment=None, skipfooter=0, convert_float=None, mangle_dupe_cols=True, storage_
options=None)
```

【参数说明】

- io：Excel 文件的文件路径或文件对象。
- sheet_name：字符串、整型或列表，默认为 0，表名。
- header：整型，指定作为列名的行，默认为 0，即取第一行作为列名；若数据不含列名，则设定 header=None 即可。
- names：数组，默认为 None。可用列表等参数指定列名序列，如果没有列名，则需要先设置 header=None。
- index_col：整型或整型列表，表示以某一列作为行标签，默认为 None。
- na_values：识别 NA/NaN 数据，并替换为该值。
- squeeze：布尔型，默认为 False。当 squeeze 为 True 时，表示若传入数据只有一列，则返回 Series 数据，而不是 DataFrame 数据。
- nrows：整型，默认为 None，要解析的数据行数。

【例 9-3】从鸢尾花数据集的 Excel 文件中读取数据。

【解析过程】使用 pd.read_excel()函数读取鸢尾花数据集。sheet_name 表示数据所在的表的名字。nrows 可以限定读取数据的行数。

【程序代码 1】

```
>>> pd.read_excel('iris.xlsx', sheet_name="Sheet1", nrows=5)
   Unnamed: 0  Sepal.Length  Sepal.Width  Petal.Length  Petal.Width Species
0           1           5.1          3.5           1.4          0.2  setosa
1           2           4.9          3.0           1.4          0.2  setosa
2           3           4.7          3.2           1.3          0.2  setosa
3           4           4.6          3.1           1.5          0.2  setosa
4           5           5.0          3.6           1.4          0.2  setosa
```

【程序代码 2】如果数据集中没有列名，则可以设置参数 header 为 None，则 pandas 库提供默认的列名。

```
>>> pd.read_excel('a.xlsx', sheet_name="Sheet1", nrows=5, header=None)
   0             1            2             3            4       5
0  NaN  Sepal.Length  Sepal.Width  Petal.Length  Petal.Width  Species
1  1.0           5.1          3.5           1.4          0.2   setosa
2  2.0           4.9            3           1.4          0.2   setosa
3  3.0           4.7          3.2           1.3          0.2   setosa
4  4.0           4.6          3.1           1.5          0.2   setosa
```

（2）Excel 文件的存储

pandas 库提供 to_excel()函数，用于将 DataFrame 数据写入 Excel 文件。

【语法格式】

```
    DataFrame.to_excel(excel_writer, sheet_name='Sheet1', na_rep='', float_format=
None, columns=None, header=True, index=True, index_label=None, startrow=0, startcol=0,
engine=None, merge_cells=True, encoding=None, inf_rep='inf', verbose=True,
freeze_panes=None, storage_options=None)
```

【参数说明】

to_excel()函数的参数大部分和 to_csv()函数的参数一致。

- excel_writer：要写入的 Excel 文件的文件路径或文件对象。
- sheet_name：字符串，默认为 0，表名。
- columns：数组，要写入的列。
- engine：字符，使用哪种引擎写入 Excel 文件。可用“openpyxl”或“xlsxwriter”。注意，从 1.2.0 版本开始“xlwt”引擎便不再维护了。

下面的代码会把鸢尾花数据集写入名为“b.xlsx”的 Excel 文件，并且不写入行名。

```
>>> df.to_excel('b.xlsx', index=False)
```

9.2 pandas 的结构化数据

pandas 提供了一维的 Series 数据和二维的 DataFrame 数据。

Series 数据就像 NumPy 的 ndarray 数据。数组的各项操作 Series 都有，并且可以通过 to_numpy()函数将 Series 转换成 ndarray。除此之外，Series 为每一个元素增加了一个序号，以便像访问字典一样去访问其中的每一个元素。

【例 9-4】 生成一个 Series。

【解析过程】使用 pd.Series 生成一个 Series 对象，其中的数据可以使用 NumPy 的 ndarray 对象。参数 index 用来定义元素的序号。

【程序代码】

```
>>> pd.Series(np.random.randn(5), index=["a", "b", "c", "d", "e"])
a    0.325042
b    0.316525
c   -0.709012
d    1.233854
e    0.408000
dtype: float64
```

DataFrame 数据就像是一个电子表格。在数据分析中，使用更多的是 DataFrame 数据。下面将详细介绍 DataFrame 数据的使用。

9.2.1　基本索引方法

从 DataFrame 中获取数据的基本方法如下。

（1）通过列名获取某一列：df[col]。

（2）通过行名获取某一行：df.loc[label]。

（3）通过行号获取某一行：df.iloc[loc]。

（4）通过切片语法获取某些行：df[5:10]。

（5）通过一个布尔向量来获取指定的行：df[bool_vec]。

9.2.2　基本运算

结构化数据的基本运算如下。

（1）四则运算

DataFrame 可以直接参与大部分四则运算，其意义和矩阵运算相同。

【例 9-5】 DataFrame 的加法。

【解析过程】DataFrame 按照行名和列名对齐进行加法运算，即 df1 和 df2 的 A、B、C 3 列和 0～6 的前 7 行进行运算，其他结果均为 NaN 值。

【程序代码】

```
>>> df1 = pd.DataFrame(np.random.randn(10, 4), columns=["A", "B", "C", "D"])
>>> df2 = pd.DataFrame(np.random.randn(7, 3), columns=["A", "B", "C"])
>>> df1+df2
          A         B         C    D
0  0.689205  2.072386 -0.744885  NaN
1  0.635722 -1.640872  0.158831  NaN
2  0.667490 -2.553721  0.401850  NaN
3 -1.397222 -0.149298  1.963094  NaN
4 -0.018232  0.446696 -2.284248  NaN
5 -0.835832  0.833230 -0.979091  NaN
6  1.670620  0.439425  0.084637  NaN
7       NaN       NaN       NaN  NaN
8       NaN       NaN       NaN  NaN
9       NaN       NaN       NaN  NaN
```

（2）转置运算

DataFrame 提供了属性“T”来实现转置运算。

【程序代码】

```
>>> df2.T
          0         1         2         3         4         5         6
A -0.164661  1.011495  0.396638 -0.486459  0.579660 -0.437448  1.244729
B  1.054002  0.019758 -1.737258 -0.557845 -0.062172  0.319817  0.144203
C -0.074516  0.755828  0.845852  0.135826 -0.990566 -0.912472  0.565906
```

（3）使用 NumPy 库函数

DataFrame 可以毫无障碍地用在 NumPy 库提供的通用函数（如 log()、exp()、sqrt()等）或其他函数中。

【程序代码】

```
>>> np.exp(df1)
          A         B         C         D
0  2.348710  2.768718  0.511520  0.614091
1  0.686758  0.190019  0.550462  1.132220
2  1.311081  0.441992  0.641464  2.603016
3  0.402217  1.504629  6.216884  0.588222
4  0.549970  1.663408  0.274259  7.293806
5  0.671404  1.670984  0.935552  0.431510
6  1.530954  1.343424  0.617998  0.131342
7  1.489763  0.555354  0.678898  0.326726
8  1.299138  0.949913  1.583213  0.492872
9  0.700016  0.124401  0.714555  1.951319
```

（4）可视化数据展示

DataFrame 结合 plot()函数可直接生成 Matplotlib 图形。

【程序代码】

```
>>> df.assign(SepalRatio=df['Sepal.Width']/df['Sepal.Length'],
      PetalRatio=df['Petal.Width']/df['Petal.Length'],
      ).plot(kind="scatter", x="SepalRatio",y="PetalRatio")
<AxesSubplot:xlabel='SepalRatio', ylabel='PetalRatio'>
>>> plt.show()
```

运行结果如图 9-1 所示。

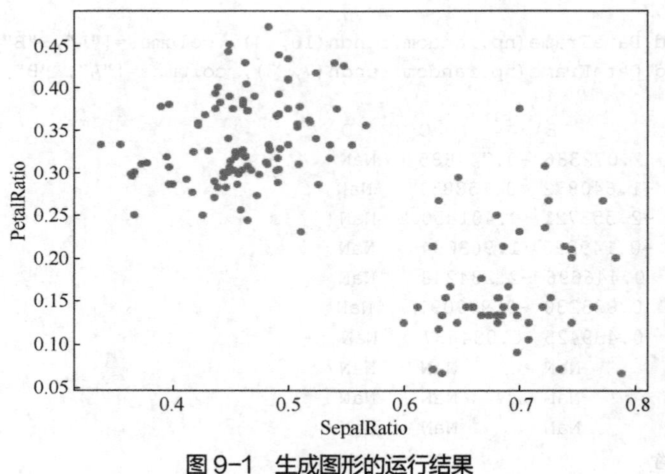

图 9-1 生成图形的运行结果

9.3 数据统计与分析

描述性统计是指运用表格、分类图形及概括性数据来描述事物整体状况，以及事物间的联系、类属关系。数据统计与分析的结果主要包括数据的完整性、平均值、中位数、众数、标准差、方差、极差、协方差、偏度、峰度和四分位数等。

9.3.1 基本统计

使用 pandas 库进行数据统计时，可以使用 NumPy 库提供的统计函数，也可以使用其自身提供的统计函数。

（1）使用 NumPy 库提供的统计函数

NumPy 库提供的部分统计函数如表 9-1 所示。

表 9-1 NumPy 库提供的部分统计函数

函数	说明	函数	说明
np.min()	最小值	np.var()	方差
np.max()	最大值	np.std()	标准差
np.mean()	平均值	np.ptp()	极差
np.median()	中位数	np.cov()	协方差

pandas 库的 DataFrame 数据和 Series 数据可以直接应用在这些 NumPy 统计函数中。

【例 9-6】 求鸢尾花数据集中花瓣长度的平均值。

【方法一】直接使用 np.mean()就可以求出花瓣长度（Petal.Length）的平均值。

【程序代码 1】

```
>>> iris = pd.read_csv('iris.csv', index_col=0)
>>> np.mean(iris['Petal.Length'])
3.7580000000000005
```

【方法二】使用 np.mean()的参数 axis 得到所有列的平均值。

【程序代码 2】

```
>>> np.mean(iris, axis=0)
Sepal.Length    5.843333
Sepal.Width     3.057333
Petal.Length    3.758000
Petal.Width     1.199333
dtype: float64
```

（2）使用 pandas 库提供的统计函数

pandas 库自身提供了更为丰富的统计函数，使得数据统计与分析更为方便快捷。下面继续解答例 9-6。

【方法三】使用 DataFrame.mean()函数得到所有列的平均值。

【程序代码 3】

```
>>> iris.mean()
Sepal.Length    5.843333
Sepal.Width     3.057333
Petal.Length    3.758000
Petal.Width     1.199333
dtype: float64
```

【方法四】pandas 库还提供了一个 describe()函数，一次性返回总数、平均值、标准差和四分位数等统计数据。

【程序代码 4】

```
>>> iris.describe()
       Sepal.Length  Sepal.Width  Petal.Length  Petal.Width
count    150.000000   150.000000    150.000000   150.000000
mean       5.843333     3.057333      3.758000     1.199333
std        0.828066     0.435866      1.765298     0.762238
min        4.300000     2.000000      1.000000     0.100000
```

```
25%       5.100000    2.800000    1.600000    0.300000
50%       5.800000    3.000000    4.350000    1.300000
75%       6.400000    3.300000    5.100000    1.800000
max       7.900000    4.400000    6.900000    2.500000
```

除了 describe()函数外，pandas 库还提供了众多统计函数，如表 9-2 所示。这些函数能够实现大多数数据分析所需要的描述性统计。

表 9-2　pandas 库提供的统计函数

函数	说明	函数	说明
min()	最小值	var()	方差
max()	最大值	std()	标准差
mean()	平均值	ptp()	极差
median()	中位数	cov()	协方差
describe()	描述统计	quantile()	四分位数
mode()	众数	mad()	平均绝对离差
sem()	均数标准误	skew()	样本偏度
count()	非空值个数	kurt()	样本峰度

9.3.2　分组统计

依据某个或某几个字段对数据集进行分组，并对各组进行统计计算，是数据分析的常用操作。pandas 库提供了一个高效灵活的分组函数 groupby()，该函数根据给定的参数对 DataFrame 数据进行分组.

【语法格式】

```
DataFrame.groupby(by=None, axis=0, level=None, as_index=True, sort=True,
group_keys=True, squeeze=NoDefault.no_default, observed=False, dropna=True)
```

【参数说明】

- by：字符、列表、字典或函数，用于确定分组的依据。如果是字符串或字符串列表，则以给定列名的列为分组依据；如果是字典，则以字典的值为分组依据；如果是函数，则对每个数据进行计算并分组。
- axis：数据拆分方向。0 表示按行拆分，1 表示按列拆分。
- level：表示标签所在的级别。
- as_index：布尔型，表示聚合后返回的组标签是否作为索引对象。
- sort：布尔型，表示是否对分组标签继续排序。
- group_keys：布尔型，表示是否显示分组标签的名称。
- squeeze：布尔型，表示是否对运算后的结果进行降维。

该函数会返回一个 GroupBy 对象，该对象是一个中间对象，需要对该结果进行进一步的统计，才能得到最终的结果。GroupBy 对象常用的统计函数如表 9-3 所示。

表 9-3　GroupBy 对象常用的统计函数

函数	说明	函数	说明
min()	每组的最小值	count()	每组的个数
max()	每组的最大值	sum()	每组的和

续表

函数	说明	函数	说明
mean()	每组的平均值	size()	每组的大小
median()	每组的中位数	std()	每组的标准差
head()	每组的前几个值	sem()	每组的均数标准误

【例9-7】 按照鸢尾花的品种（Species）进行分组，并求平均值。

【解析过程】使用 pandas 库的 groupby()函数进行分组，再使用 pandas 库的 mean()函数求出平均值。

【程序代码】

```
>>> iris.groupby("Species").mean()
            Sepal.Length  Sepal.Width  Petal.Length  Petal.Width
Species
setosa             5.006        3.428         1.462        0.246
versicolor         5.936        2.770         4.260        1.326
virginica          6.588        2.974         5.552        2.026
```

使用 iris 对象的 groupby("Species")函数可以实现按照“Species”进行分组；在分组的基础上使用 mean()函数即可求出“Sepal.Length”“Sepal.Width”“Petal.Length”“Petal.Width”的平均值。

直接使用统计函数，一次只能统计一种值。如果需要一次性得到多个统计数据，则可以使用 DataFrame.agg()函数实现。

【语法格式】

```
DataFrame.agg(func=None, axis=0, *args, **kwargs)
```

【参数说明】

- func：字符串、列表或函数，表示用于统计的方法。
- axis：表示轴向。0 表示对每列进行统计，1 表示对每行进行统计，默认为 0。

【例9-8】 求出鸢尾花的花萼（Sepal）的长度和宽度的和、平均值、中位数。

【解析过程】首先从鸢尾花数据集中切出 Sepal.Length 和 Sepal.Width 两列数据，然后使用 agg()函数。求和采用 NumPy 库的 sum()函数，求平均值和中位数采用 pandas 库的内置函数。

【程序代码】

```
>>> iris[["Sepal.Length", "Sepal.Width"]].agg([np.sum, 'mean', 'median'])
        Sepal.Length  Sepal.Width
sum       876.500000   458.600000
mean        5.843333     3.057333
median      5.800000     3.000000
```

DataFrame.agg()函数不仅可以直接作用在 DataFrame 对象上，还可以作用在分组后的对象上。

【例9-9】 按照鸢尾花的品种（Species）进行分组，并求和及平均值。

【解析过程】使用 pandas 库的 groupby()函数进行分组，再使用 pandas 库的 agg()函数对分组结果求和及平均值。

【程序代码】

```
>>> gb=iris.groupby("Species")
```

```
>>> gb.agg([np.sum, 'mean',])
           Sepal.Length        Sepal.Width  ... Petal.Length  Petal.Width
                    sum  mean          sum  ...         mean         sum  mean
Species                                     ...
setosa            250.3  5.006       171.4  ...        1.462        12.3  0.246
versicolor        296.8  5.936       138.5  ...        4.260        66.3  1.326
virginica         329.4  6.588       148.7  ...        5.552       101.3  2.026

[3 rows x 8 columns]
```

pandas 库除了提供 DataFrame.agg()函数实现统计功能以外，还提供了功能更加强大的 DataFrame.apply()函数。DataFrame.apply()函数的功能是对 DataFrame 数据进行计算。它可以对 DataFrame 的每一行或每一列进行计算。

【语法格式】

```
DataFrame.apply(func, axis=0, raw=False, result_type=None, args=(), **kwargs)
```

【参数说明】

- func：用于对每一行或每一列进行处理的函数。
- axis：表示轴向。0 表示每列，1 表示每行，默认为 0。
- raw：表示把要处理的行或列转换成 Series 对象还是数组传递给 func。False 表示把行或列转换成 Series 对象传递给 func，True 表示把行或列转换成数组传递给 func。
- result_type：该参数只在 axis=1 时有效。
- args：作为 func 的额外参数。
- kwargs：作为 func 的额外参数。

【例 9-10】 使用 apply()函数求出鸢尾花的花萼的长度（Sepal.Length）和花萼的宽度（Sepal.Width）的平方根。

【程序代码】

```
>>> iris[["Sepal.Length", "Sepal.Width"]].apply(np.sqrt)
     Sepal.Length  Sepal.Width
1        2.258318     1.870829
2        2.213594     1.732051
3        2.167948     1.788854
4        2.144761     1.760682
5        2.236068     1.897367
..            ...          ...
146      2.588436     1.732051
147      2.509980     1.581139
148      2.549510     1.732051
149      2.489980     1.843909
150      2.428992     1.732051
[150 rows x 2 columns]
```

【例 9-11】 使用 apply()函数求出鸢尾花的花萼的长度（Sepal.Length）和花萼的宽度（Sepal.Width）的平均值。

【程序代码】

```
>>> iris[["Sepal.Length", "Sepal.Width"]].apply('mean')
Sepal.Length    5.843333
Sepal.Width     3.057333
dtype: float64
```

当 DataFrame.apply()函数的参数 func 设置的是统计函数（'mean'）时，其功能和

DataFrame.agg()函数是一样的。

9.3.3　排序

排序是将数据按照某种大小关系进行排列，是计算机中经常进行的一种操作，其目的是将序列变为“有序”的。pandas 库对 Series 数据和 DataFrame 数据都提供了排序函数。为简单起见，下面将以一维的 Series 数据为主介绍 pandas 库的排序功能。

Series 数据具有字典功能，因此它包含了数据和序号两部分。而对它的排序也有两种：sort_values()和 sort_index()。

（1）根据数据进行排序——sort_values()

【语法格式】

```
Series.sort_values(axis=0, ascending=True, inplace=False, kind='quicksort',
na_position='last', ignore_index=False, key=None)
```

【参数说明】

- axis：只能取 0 或'index'。取'index'主要是为了和 DataFrame 的 sort()函数兼容。
- ascending：布尔型。True 表示升序，False 表示降序。
- inplace：布尔型，是否改变排序对象，默认为 False。
- kind：使用的排序算法，有'quicksort'、'mergesort'、'heapsort'、'stable'，默认为快速排序法（quicksort）。
- na_position：NaN 值所在位置（first/last），默认为最后（last）。
- key：函数对象，表示自定义的排序规则，默认为 None。

【程序代码】

```
>>> s = pd.Series([np.nan, 1, 3, 10, 5])
>>> s.sort_values()
1     1.0
2     3.0
4     5.0
3    10.0
0     NaN
dtype: float64
```

（2）根据序号进行排序——sort_index()

【语法格式】

```
Series.sort_index(axis=0,level=None,ascending=True,inplace=False,kind='quicksort',
na_position='last', sort_remaining=True, ignore_index=False, key=None)
```

【参数说明】

sort_index()函数的参数大部分和 sort_values()函数的参数一致。

- level：整型，表示要排序的序号的层级，默认为 None，表示对特定层级的序号进行排序。
- sort_remaining：布尔型，为 True 表示在多级序号排序时，先对指定层级的序号排序，再对其他层级的序号排序。

【程序代码】

```
>>> s = pd.Series([1, 2, 3, 4], index=['A', 'b', 'C', 'd'])
>>> s.sort_index()
A    1
C    3
```

```
b     2
d     4
dtype: int64
>>> s.sort_index(key=lambda x : x.str.lower())
A     1
b     2
C     3
d     4
dtype: int64
```

DataFrame 数据的排序和 Series 数据类似，其中参数 axis 除了可以取 0（按行进行排序）外，还可以取 1（按列进行排序）。此外，sort_values()函数还多了一个必需参数 by，表示用于排序的列名（axis=0）或行名（axis=1）。

【程序代码】

```
>>> iris.sort_values('Sepal.Length')
     Sepal.Length  Sepal.Width  Petal.Length  Petal.Width    Species
14            4.3          3.0           1.1          0.1     setosa
43            4.4          3.2           1.3          0.2     setosa
39            4.4          3.0           1.3          0.2     setosa
9             4.4          2.9           1.4          0.2     setosa
42            4.5          2.3           1.3          0.3     setosa
...           ...          ...           ...          ...        ...
123           7.7          2.8           6.7          2.0  virginica
119           7.7          2.6           6.9          2.3  virginica
118           7.7          3.8           6.7          2.2  virginica
136           7.7          3.0           6.1          2.3  virginica
132           7.9          3.8           6.4          2.0  virginica
[150 rows x 5 columns]
```

9.3.4 筛选

当数据量很大时，显示所有的数据不仅消耗时间，也会消耗大量的内存。所以需要从中选取一部分数据进行查看，这就是筛选。常见的筛选方法有以下几种。

（1）固定函数法

pandas 库提供了几种函数来筛选数据。

① head()：查看 DataFrame/Series 的前 *n* 条数据。

② tail()：查看 DataFrame/Series 的最后 *n* 条数据。

③ sample()：随机查看 DataFrame/Series 的 *n* 条数据。

④ at()：获取指定位置的元素。

【程序代码】

```
>>> iris.tail()
     Sepal.Length  Sepal.Width  Petal.Length  Petal.Width    Species
146           6.7          3.0           5.2          2.3  virginica
147           6.3          2.5           5.0          1.9  virginica
148           6.5          3.0           5.2          2.0  virginica
149           6.2          3.4           5.4          2.3  virginica
150           5.9          3.0           5.1          1.8  virginica
>>> iris.sample()
    Sepal.Length  Sepal.Width  Petal.Length  Petal.Width     Species
86           6.0          3.4           4.5          1.6  versicolor
>>> iris.at[1, 'Sepal.Length']
5.1
```

（2）切片法

pandas 库中作为一维数据的 Series，与 Python 的列表类似，不仅支持用 Python 中丰富的切片法对数据进行切片筛选，还提供了类似字典的使用方法。对于二维数据的 DataFrame，采用 9.2.1 节的基本索引方法也可以实现相关的切片功能。例如，iris['Sepal.Length']可以得到 Sepal.Length 列数据，iris[5:10]可以得到第 5 行～第 9 行数据。

与 NumPy 库提供的一维数组的多行索引法相似，pandas 库也提供了使用数组序号来获取多行数据的方法，例如，iris[['Sepal.Length', 'Sepal.Width']]可以获取花萼的长度和宽度两列数据，iris.loc[[1,2,5]]可以获取序号为 1、2、5 的三行数据，iris.iloc[[1,2,5]]则可获取第 1 行、第 2 行、第 5 行的数据。

（3）条件筛选

pandas 库提供了一种简单的条件筛选方法，即 DataFrame 数据的基本索引方法中利用布尔向量来获取指定行的方法。例如，在鸢尾花数据集的 DataFrame 中，要获取 Sepal.Length 列中大于 5 的数据，可以利用下面的代码来得到一个布尔向量。

【程序代码】

```
>>> iris['Sepal.Length']>5
1        True
2       False
3       False
4       False
5       False
        ...
146      True
147      True
148      True
149      True
150      True
Name: Sepal.Length, Length: 150, dtype: bool
```

然后，用这个布尔向量来获取符合要求的鸢尾花数据。

【程序代码】

```
>>> iris[iris['Sepal.Length']>5]
     Sepal.Length  Sepal.Width  Petal.Length  Petal.Width    Species
1             5.1          3.5           1.4          0.2     setosa
6             5.4          3.9           1.7          0.4     setosa
11            5.4          3.7           1.5          0.2     setosa
15            5.8          4.0           1.2          0.2     setosa
16            5.7          4.4           1.5          0.4     setosa
...           ...          ...           ...          ...        ...
146           6.7          3.0           5.2          2.3  virginica
147           6.3          2.5           5.0          1.9  virginica
148           6.5          3.0           5.2          2.0  virginica
149           6.2          3.4           5.4          2.3  virginica
150           5.9          3.0           5.1          1.8  virginica
[118 rows x 5 columns]
```

更复杂的条件可以使用“&”和“|”运算符实现“与”和“或”运算。

【程序代码】

```
>>> iris[(iris['Sepal.Length']>5)&(iris['Sepal.Width']>3)]
```

9.4 本章小结

本章介绍了 pandas 库的文本文件和 Excel 文件的数据读取与写入方法，阐述了 Series 数据和 DataFrame 数据的常用属性、方法，介绍了数据统计与分析的相关方法，展现了排序方法和筛选方法。通过本章的学习，读者应该能够对 pandas 库有一个整体的认识，能够利用 pandas 库进行基本的统计与分析。

习题 9

1. 读取鸢尾花数据集的 CSV 文件，增加一列数据，列名为 SepalRatio，其值为 df['Sepal.Width']/df['Sepal.Length']。将数据按 SepalRatio 的降序进行排序，并将排好序的数据以 Excel 文件形式进行保存。
2. 查看第 1 题数据的 ndim、shape、size、memory_usage。
3. 对鸢尾花数据集按鸢尾花的种类进行分组，分别统计其中位数、标准差和方差。

参考文献

[1] 江红，余青松．Python 程序设计与算法基础教程[M]．2 版．北京：清华大学出版社，2019.

[2] 嵩天，礼欣，黄天羽．Python 语言程序设计基础[M]．2 版．北京：高等教育出版社，2017.

[3] 蔡永铭，熊伟，林子雨．Python 程序设计基础[M]．北京：人民邮电出版社，2019.

[4] 吕云翔，姜峤，孔子乔．Python 基础教程[M]．北京：人民邮电出版社，2018.

[5] 黄红梅，张良均，张凌，等．Python 数据分析与应用[M]．北京：人民邮电出版社，2018.

[6] 陈仲才．Python 核心编程[M]．杨涛，王建桥，杨晓云，等译．北京：机械工业出版社，2001.

[7] 张若愚．Python 科学计算[M]．北京：清华大学出版社，2012.